湖北省地质局古生物首席项目资助
湖北省公益学术著作出版专项资金资助

中国化石村这十年

(2014—2024)

主编◎李姜丽　王丽霞

图书在版编目(CIP)数据

中国化石村这十年(2014—2024)/李姜丽,王丽霞主编.—武汉:中国地质大学出版社,2024.3
ISBN 978-7-5625-5799-9

Ⅰ.①中⋯ Ⅱ.①李⋯ ②王⋯ Ⅲ.①化石-保护-中国 Ⅳ.①Q911.72

中国国家版本馆 CIP 数据核字(2024)第 057581 号
审图号:GS(2024)0445 号

中国化石村这十年(2014—2024)		李姜丽　王丽霞　主编
责任编辑:韦有福　郑济飞	选题策划:韦有福　江广长　李应争	责任校对:张咏梅
出版发行:中国地质大学出版社(武汉市洪山区鲁磨路388号)		邮编:430074
电　　话:(027)67883511	传　　真:(027)67883580	E-mail:cbb@cug.edu.cn
经　　销:全国新华书店		http://cugp.cug.edu.cn
开本:787毫米×1092毫米　1/16	字数:403千字	印张:15.75
版次:2024年3月第1版	印次:2024年3月第1次印刷	
印刷:武汉市籍缘印刷厂		
ISBN 978-7-5625-5799-9		定价:128.00元

如有印装质量问题请与印刷厂联系调换

编委会

主　　编	李姜丽　王丽霞
副 主 编	谭文专　赵　璧　杨良哲　尹　超　杨波涌
编　　撰	（以姓氏笔画为序）

万　珊　王　涛　王　梓　王　强　王云忠
王正东　尤文泽　史小娟　白志君　刘　垚
刘　辉　江　山　李　青　李中炜　李发胜
李凯清　李佳镛　杨　雪　吴　奎　何波涛
余海东　邹亚锐　宋泽民　张晓飞　陆婧文
陈　刚　青　锋　苑金玲　周　莉　赵志豪
姜凤文　黄金元　曹　阳　盛　夏　董洪武
翟子梅　潘　伶

编制单位　湖北省地质科学研究院

序

很高兴看到《中国化石村这十年（2014—2024）》付梓。本书是继《中国化石保护》《国家化石产地》后，又一系统展示我国珍贵古生物化石自然遗产和化石保护管理工作重要成果的著作。

化石是镌刻在岩石中的远古生命遗迹。早在20世纪20年代，从湖北走出去的著名地质学家李四光就鉴定了大量的化石标本，编撰了《中国北部之蜓科》科学巨著，为我国古生物研究奠定坚实基础。中国地大物博，拥有世界一流的化石资源。几十年来，在各级政府部门和地质学界的不懈努力下，许多珍奇罕见的中国古生物化石群，如关岭生物群、热河生物群、清江生物群等，逐步走进公众视野，有的走出国门，震惊国际科学界。这些已知的化石群，只不过是中国化石宝库的"冰山一角"，还有大量珍贵的古生物化石"藏在深山人未识"，对它们的研究和保护利用，任重而道远。

身为湖北人，我感到自豪的是，中国化石村最早的建设试点就在我省宜昌市远安县的落星村。应该铭记的是，老一辈地质专家和年轻地质工作者们，地方各级领导，还有当地的老百姓，为这件事倾注大量心血，付出艰辛努力。令人欣慰的是，这个曾经贫困的村子成功地把化石保护、生态治理、乡村振兴、地质科学研究等统筹结合，声名鹊起，综合效应日渐凸现。我曾到这个村里，看到许多地表化石得到保护，有很多古生物化石得到展示，彰显化石特色的村庄规划建设得自然、漂亮，村民们对美好生活充满信心。

化石村的建设不仅仅是湖北，在辽宁、新疆、贵州、四川……全国各地，都在如火如荼地开展。这些名不见经传的小村子，如同一颗颗珍珠，正在中国版图上小心翼翼地揭开面纱，绽放出夺目的光彩。

地质工作本质是科技工作，科技工作关键在于创新。在新的时代，我们要大力弘扬李四光精神，脚踏实地、持之以恒，走进大山深处，走进田间地头，把论文写在祖国的大地上。比如多开展一些像化石村建设这样既具科学价值又接地气、惠民生的工作，就很有意义。

是为序。

湖北省李四光研究会理事长
湖北省地质局局长

2024年1月

前 言

中国幅员辽阔，古生物资源丰富。相对于其他国家，我国化石属种最全，数量最多，科研价值最高，保存最精美。2011年国务院《古生物化石保护条例》正式实施，全国化石保护管理工作得到全面加强，自然资源部（原国土资源部）牵头，陆续出台了一系列法规标准，并评定了53处国家级重点保护古生物化石集中产地。可是，因许多化石产地位于偏远乡村，交通不便，保护基础设施薄弱，村民化石保护意识淡薄，珍贵化石资源及化石产地的生态环境也屡遭破坏，这成为制约化石保护和科学研究事业高质量发展的现实问题。

2014年，为了让化石保护深入田间地头，在化石产地政府、科研院所、社会团体的共同支持下，我们启动了一项创新性的化石保护工作，即选择一部分化石资源丰富、科研意义重大的村庄，挂牌建设"村级化石保护站"，并支持和鼓励其打造化石村，擦亮化石名片，发展文旅产业，丰富村民的物质和精神生活。这一工作思路在习近平总书记"两山理论"指导思想的指引下，取得了显著的成效。10年来，在全国各地，共累计创建了20余处化石村，它们为许多问题突出的国家化石产地的保护管理，以及不少偏远贫困山区的脱贫攻坚、绿色发展提供了重要支持和发展动力，开创了我国化石保护的新局面。

2023年12月，在中央农村工作会议上，习近平总书记强调，全面推进乡村振兴是新时代建设农业强国的重要任务，要落实产业帮扶政策，做好"土特产"文章，依托农业农村特色资源，向开发农业多种功能、挖掘乡村多元价值要效益，向一二三产业融合发展要效益。化石村所依托的，正是最具科学魅力和无穷创造开发潜力的珍奇化石，是有关乡村未来实现跨越式发展、高水平可持续发展的关键资源。在中央政策的支持下，化石村未来的发展还有极为广阔的前景，作为化石保护工作者和爱好者，推进化石乡村振兴是我们的责任和使命。

为纪念化石村面世10周年，我们特策划编撰本书。我们要敢于打破常规思维束缚，勇于探索新的发展模式和路径，无论是化石保护科技的创新应用，还是乡村振兴理论体系的创新实践，都需要我们大胆尝试，勇于创新。

编　者
2024年1月

启动海百合计划,促进化石村建设发展

我国幅员辽阔,化石资源丰富,是世界上公认的古生物大国、化石强国、恐龙王国。不同地区之间资源禀赋、风土人情以及经济发展基础等存在较大差距,特别是化石产地多处在偏远贫困地区、西北地区和革命老区。如何让化石产地借助乡村振兴的政策机遇,做好化石保护,促进科学研究和合理利用,扎实推进乡村旅游,推动化石乡村文化繁荣兴盛、旅游蓬勃发展,助力农业强、农村富、农村美、农民富?

目前全国各省市县都在推进乡村振兴战略实施,振兴乡村按照"产业兴旺、生态宜居、乡风文明、治理有效、生活富裕"的总要求,要实现乡村的产业振兴、文化振兴、人才振兴、生态振兴、组织振兴。其中产业振兴为核心,只有通过发展产业才能带动农村的经济发展,吸引人才聚集和资源聚集,解决农民就业实现共同富裕,最终实现"三产融合",才能使得农业成为有奔头的产业,农民成为体面的职业,农村成为安居乐业的美好家园。

实施乡村振兴战略是党的十九大作出的重大决策部署,是新时代"三农"工作的总抓手。如今,旅游已经成为人民生活的刚性需求和常态化的生活方式。化石产地乡村旅游作为一种集田园风光、化石文化、地质景观、研学教育和休闲农业等于一体的产业,满足当代游客的需求。对于久居喧嚣都市的人来说,青山绿水和田园生活总是让人向往,很多游客不再把观光作为乡村旅游的目的,而是希望享受乡村的慢生活。化石主题村落、恐龙特色小镇是当前化石产地乡村旅游体验塑造的新趋势,是旅游市场细分形式下的乡村田园旅游的专业化、品牌化、差异化的主要途径。

2014年6月,我们组织中国地质大学(北京)化石保护工程硕士班的部分学生成立了海百合小组,在湖北远安落星村认领了中国第一个化石村。2015年8月在新疆鄯善认领了丝绸之路最美化石村,2016年3月在贵州兴义召开了首届化石峰会暨化石村规划研讨会。随后在全国开启了认领化石村活动,此举得到全国古生物界专家学者,化石产地政府以及化石爱好者、企业家的积极支持,引起了社会的广泛关注。到目前为止,全国共认领如新疆鄯善、甘肃永靖、云南罗平、贵州兴义、辽宁朝阳、四川自贡、重庆云阳等20多个化石村。

我们现正在组织编写化石村建设标准和化石村保护与利用规划指南。建设化石特色乡村首先要政策鼎立,其次是文旅助力,第三是生态给力,第四要人才发力。经过多年实践，我们提出化石村的建设原则是：政府支持、专家指导、企业助力、社会参与，逐步形成了化石村建设"五个一"工程，即一村一馆——化石科普馆，一村一站——化石保护站，一村一品——化石文化品牌，一村一游——化石研学旅游，一村一乐——化石村农家乐。

  休闲农业与乡村旅游，从理论上分析，它将是一个集群新产业。它有种植或养殖生产示范基地，有加工农产品的标准，有多种产品销售渠道，通过看、玩、吃、学、健康养生等系列体验活动，除了享用实物产品，还收获精神产品。它的盈利点、盈利方式非常多。它能够带动农民合作社、加工企业、销售服务企业等诸多产业的发展，其潜力与商机是巨大的。依托化石村建设挖掘化石文化内涵、突出乡村特点、开发乡村旅游产品，建设特色景观旅游名镇名村，加强乡村旅游培训；发展地学旅游、化石旅游、红色旅游，鼓励农村集体经营性建设用地使用权入股、联营等形式与其他单位、个人共同开办科技创新型文旅企业。正在兴起的旅游风口——乡村旅游，它将是中国下一个朝阳行业。这个市场会迅速崛起，主要受到两个因素的影响：第一，消费升级带动下的城市微旅游市场迅速崛起；第二，政府政策导向，乡村旅游成为国家旅游业改革创新的重点。我们要抓住机遇，开拓进取，真抓实干，全面推进乡村振兴，加快农业农村现代化，努力开创化石研学旅游新局面，为全面建设社会主义现代化国家、实现第二个百年奋斗目标做出新的贡献！

  让我们携起手来，讲好中国化石故事，启动海百合计划建设 100 个化石乡村：依法保护、科学研究、传播文明、造福人类！

国家古生物化石专家委员会原办公室专职副主任
中国地质博物馆二级研究员

二〇二四年一月

中共中央 国务院关于做好2023年全面推进乡村振兴重点工作的意见(节选)

(2023年1月2日)

党的二十大擘画了以中国式现代化全面推进中华民族伟大复兴的宏伟蓝图。全面建设社会主义现代化国家,最艰巨最繁重的任务仍然在农村。世界百年未有之大变局加速演进,我国发展进入战略机遇和风险挑战并存、不确定难预料因素增多的时期,守好"三农"基本盘至关重要、不容有失。党中央认为,必须坚持不懈把解决好"三农"问题作为全党工作重中之重,举全党全社会之力全面推进乡村振兴,加快农业农村现代化。强国必先强农,农强方能国强。要立足国情农情,体现中国特色,建设供给保障强、科技装备强、经营体系强、产业韧性强、竞争能力强的农业强国。

做好2023年和今后一个时期"三农"工作,要坚持以习近平新时代中国特色社会主义思想为指导,全面贯彻落实党的二十大精神,深入贯彻落实习近平总书记关于"三农"工作的重要论述,坚持和加强党对"三农"工作的全面领导,坚持农业农村优先发展,坚持城乡融合发展,强化科技创新和制度创新,坚决守牢确保粮食安全、防止规模性返贫等底线,扎实推进乡村发展、乡村建设、乡村治理等重点工作,加快建设农业强国,建设宜居宜业和美乡村,为全面建设社会主义现代化国家开好局起好步打下坚实基础。

五、推动乡村产业高质量发展

(十八)加快发展现代乡村服务业。全面推进县域商业体系建设。加快完善县乡村电子商务和快递物流配送体系,建设县域集采集配中心,推动农村客货邮融合发展,大力发展共同配送、即时零售等新模式,推动冷链物流服务网络向乡村下沉。发展乡村餐饮购物、文化体育、旅游休闲、养老托幼、信息中介等生活服务。鼓励有条件的地区开展新能源汽车和绿色智能家电下乡。

(十九)培育乡村新产业新业态。继续支持创建农业产业强镇、现代农业产业园、优势特色产业集群。支持国家农村产业融合发展示范园建设。深入推进农业现代化示范区建设。实施文化产业赋能乡村振兴计划。实施乡村休闲旅游精品工程,推动乡村民宿提质升级。深入实施"数商兴农"和"互联网+"农产品出村进城工程,鼓励发展农产品电商直采、定制生产等模式,建设农副产品直播电商基地。提升净菜、中央厨房等产业标准化和规范化水平。培育发展预制菜产业。

（二十）培育壮大县域富民产业。完善县乡村产业空间布局，提升县城产业承载和配套服务功能，增强重点镇集聚功能。实施"一县一业"强县富民工程。引导劳动密集型产业向中西部地区、向县域梯度转移，支持大中城市在周边县域布局关联产业和配套企业。支持国家级高新区、经开区、农高区托管联办县域产业园区。

六、拓宽农民增收致富渠道

（二十一）促进农民就业增收。强化各项稳岗纾困政策落实，加大对中小微企业稳岗倾斜力度，稳定农民工就业。促进农民工职业技能提升。完善农民工工资支付监测预警机制。维护好超龄农民工就业权益。加快完善灵活就业人员权益保障制度。加强返乡入乡创业园、农村创业孵化实训基地等建设。在政府投资重点工程和农业农村基础设施建设项目中推广以工代赈，适当提高劳务报酬发放比例。

七、扎实推进宜居宜业和美乡村建设

（二十四）加强村庄规划建设。坚持县域统筹，支持有条件有需求的村庄分区分类编制村庄规划，合理确定村庄布局和建设边界。将村庄规划纳入村级议事协商目录。规范优化乡村地区行政区划设置，严禁违背农民意愿撤并村庄、搞大社区。推进以乡镇为单元的全域土地综合整治。积极盘活存量集体建设用地，优先保障农民居住、乡村基础设施、公共服务空间和产业用地需求，出台乡村振兴用地政策指南。编制村容村貌提升导则，立足乡土特征、地域特点和民族特色提升村庄风貌，防止大拆大建、盲目建牌楼亭廊"堆盆景"。实施传统村落集中连片保护利用示范，建立完善传统村落调查认定、撤并前置审查、灾毁防范等制度。制定农村基本具备现代生活条件建设指引。

（二十五）扎实推进农村人居环境整治提升。加大村庄公共空间整治力度，持续开展村庄清洁行动。巩固农村户厕问题摸排整改成果，引导农民开展户内改厕。加强农村公厕建设维护。以人口集中村镇和水源保护区周边村庄为重点，分类梯次推进农村生活污水治理。推动农村生活垃圾源头分类减量，及时清运处置。推进厕所粪污、易腐烂垃圾、有机废弃物就近就地资源化利用。持续开展爱国卫生运动。

（二十六）持续加强乡村基础设施建设。加强农村公路养护和安全管理，推动与沿线配套设施、产业园区、旅游景区、乡村旅游重点村一体化建设。推进农村规模化供水工程建设和小型供水工程标准化改造，开展水质提升专项行动。推进农村电网巩固提升，发展农村可再生能源。支持农村危房改造和抗震改造，基本完成农房安全隐患排查整治，建立全过程监管制度。开展现代宜居农房建设示范。深入实施数字乡村发展行动，推动数字化应用场景研发推广。加快农业农村大数据应用，推进智慧农业发展。落实村庄公

共基础设施管护责任。加强农村应急管理基础能力建设,深入开展乡村交通、消防、经营性自建房等重点领域风险隐患治理攻坚。

八、健全党组织领导的乡村治理体系

(二十八)强化农村基层党组织政治功能和组织功能。突出大抓基层的鲜明导向,强化县级党委抓乡促村责任,深入推进抓党建促乡村振兴。全面培训提高乡镇、村班子领导乡村振兴能力。派强用好驻村第一书记和工作队,强化派出单位联村帮扶。开展乡村振兴领域腐败和作风问题整治。持续开展市县巡察,推动基层纪检监察组织和村务监督委员会有效衔接,强化对村干部全方位管理和经常性监督。对农村党员分期分批开展集中培训。通过设岗定责等方式,发挥农村党员先锋模范作用。

(三十)加强农村精神文明建设。深入开展社会主义核心价值观宣传教育,继续在乡村开展听党话、感党恩、跟党走宣传教育活动。深化农村群众性精神文明创建,拓展新时代文明实践中心、县级融媒体中心等建设,支持乡村自办群众性文化活动。注重家庭家教家风建设。深入实施农耕文化传承保护工程,加强重要农业文化遗产保护利用。办好中国农民丰收节。推动各地因地制宜制定移风易俗规范,强化村规民约约束作用,党员、干部带头示范,扎实开展高价彩礼、大操大办等重点领域突出问题专项治理。推进农村丧葬习俗改革。

九、强化政策保障和体制机制创新

(三十二)加强乡村人才队伍建设。实施乡村振兴人才支持计划,组织引导教育、卫生、科技、文化、社会工作、精神文明建设等领域人才到基层一线服务,支持培养本土急需紧缺人才。实施高素质农民培育计划,开展农村创业带头人培育行动,提高培训实效。大力发展面向乡村振兴的职业教育,深化产教融合和校企合作。完善城市专业技术人才定期服务乡村激励机制,对长期服务乡村的在职务晋升、职称评定方面予以适当倾斜。引导城市专业技术人员入乡兼职兼薪和离岗创业。允许符合一定条件的返乡回乡下乡就业创业人员在原籍地或就业创业地落户。继续实施农村订单定向医学生免费培养项目、教师"优师计划"、"特岗计划"、"国培计划",实施"大学生乡村医生"专项计划。实施乡村振兴巾帼行动、青年人才开发行动。

让我们紧密团结在以习近平同志为核心的党中央周围,坚定信心、踔厉奋发、埋头苦干,全面推进乡村振兴,加快建设农业强国,为全面建设社会主义现代化国家、全面推进中华民族伟大复兴作出新的贡献。

实施乡村振兴战略。农业农村农民问题是关系国计民生的根本性问题,必须始终把解决好"三农"问题作为全党工作重中之重。要坚持农业农村优先发展,按照产业兴旺、生态宜居、乡风文明、治理有效、生活富裕的总要求,建立健全城乡融合发展体制机制和政策体系,加快推进农业农村现代化。

——摘自党的十九大报告

全面推进乡村振兴。全面建设社会主义现代化国家,最艰巨最繁重的任务仍然在农村。坚持农业农村优先发展,坚持城乡融合发展,畅通城乡要素流动。加快建设农业强国,扎实推动乡村产业、人才、文化、生态、组织振兴。

——摘自党的二十大报告

实施乡村振兴战略,是党的十九大作出的重大决策部署,是新时代做好"三农"工作的总抓手。各地区各部门要充分认识实施乡村振兴战略的重大意义,把实施乡村振兴战略摆在优先位置,坚持五级书记抓乡村振兴,让乡村振兴成为全党全社会的共同行动。要坚持乡村全面振兴,抓重点、补短板、强弱项,实现乡村产业振兴、人才振兴、文化振兴、生态振兴、组织振兴,推动农业全面升级、农村全面进步、农民全面发展。要尊重广大农民意愿,激发广大农民积极性、主动性、创造性,激活乡村振兴内生动力,让广大农民在乡村振兴中有更多获得感、幸福感、安全感。要坚持以实干促振兴,遵循乡村发展规律,规划先行,分类推进,加大投入,扎实苦干,推动乡村振兴不断取得新成效。

——习近平总书记对实施乡村振兴战略作出重要指示时强调

"从中华民族伟大复兴战略全局看,民族要复兴,乡村必振兴",从世界百年未有之大变局看,稳住农业基本盘、守好"三农"基础是应变局、开新局的"压舱石"。要坚持把解决好"三农"问题作为全党工作重中之重,把农业农村优先发展作为现代化建设的一项重大原则,把振兴乡村作为实现中华民族伟大复兴的一个重大任务,牢牢把握农业农村现代化这个总目标,走中国特色社会主义乡村振兴道路,促进农业高质高效、乡村宜居宜业、农民富裕富足,使农业农村与国家同步实现现代化。

——习近平总书记关于"三农"工作的重要论述

乡村振兴要突出三个关键词。一是全面。不光是发展经济,而是要全面彰显乡村的经济价值、生态价值、社会价值、文化价值。二是特色。中国地域辽阔,"十里不同风、百里不同俗",要因地制宜,打造各具特色的乡村风貌,保护和传承好地域文化、乡土文化,不能千村一面。三是改革。要通过深化农村改革来促进乡村振兴,广大农民是乡村振兴的主体,必须充分调动他们的积极性,要让他们积极参与改革,并更好分享改革发展成果。

——国务院总理李强在十四届全国人大一次会议记者会上的讲话

农业要更强,优势农产品要提质增效打造品牌,形成一批富有吸引力的农业旅游和特色休闲产品。农村要更美,既塑形又留魂,在风貌塑造上留住乡村的"形",在文化传承上留住乡村的"魂",让乡村既有外形之美,更有内涵之美、文化之美。农民要更富,在持续增收上要有新思路、新举措,发展壮大镇域经济,促进把资源变成资产,更好带动农民增收。要加快提高公共服务水平,让广大农民也能享受高品质生活。

——2018年5月7日,国务院总理李强在金山区调研时强调既要注重留存乡村肌理、乡村文化、乡村特色,也要加快完善党组织领导的自治、法治、德治相结合的乡村治理体系,健全全民覆盖、普惠共享、城乡一体的基本公共服务体系,不断提升郊区乡村的宜居度、竞争力和吸引力,打造高品质、有韵味的美丽乡村,让更多人愿意留下来、愿意到乡村生活创业。

——2020年7月24日,国务院总理李强在嘉定区
调研乡村振兴工作时的讲话

要补齐短板、提高标准,把农村基本公共服务做实做优,加强文化、养老、道路等基础设施建设,强化农村公共卫生力量。不断深化农村基层社会治理,严格规范管理,有效排除隐患。要改革突破、放开搞活,释放资源价值,增强内生动力,把存量资产的文章做足,积极发展乡村产业新业态、新模式,让沉睡的资源变成农民致富和乡村发展的源头活水。

——2021年4月9日,国务院总理李强在上海市
实施乡村振兴战略工作领导小组会议暨现场推进会上提出

锚定建设农业强国目标,学习运用"千村示范、万村整治"工程经验,因地制宜、分类施策,循序渐进、久久为功,推动乡村全面振兴不断取得实质性进展、阶段性成果。

——摘自2024年政府工作报告

目 录

第一部分：最美乡村——化石村

第一篇　化石村由来 …………………………………………………………… (2)
第二篇　化石村功能定位 ………………………………………………………… (2)
第三篇　化石村建设现状 ………………………………………………………… (3)

第二部分：走进化石村

第一篇　　湖北远安落星化石村 ………………………………………………… (6)
第二篇　　贵州兴义乌沙泥麦古化石村 ………………………………………… (20)
第三篇　　河北阳原东谷坨化石村 ……………………………………………… (31)
第四篇　　四川自贡土柱化石村 ………………………………………………… (38)
第五篇　　云南罗平大洼子化石村 ……………………………………………… (51)
第六篇　　新疆鄯善南湖化石村 ………………………………………………… (64)
第七篇　　天津市蓟州区铁岭子化石村 ………………………………………… (74)
第八篇　　四川射洪王家沟化石村 ……………………………………………… (84)
第九篇　　黑龙江青冈英贤化石村 ……………………………………………… (92)
第十篇　　重庆云阳老君化石村 ………………………………………………… (101)
第十一篇　吉林延吉理化化石村 ………………………………………………… (110)
第十二篇　辽宁北票四合屯化石村 ……………………………………………… (117)
第十三篇　辽宁义县河夹心化石村 ……………………………………………… (127)
第十四篇　山东莱阳南李格庄村 ………………………………………………… (136)
第十五篇　河南汝阳洪岭化石村 ………………………………………………… (145)

XIII

第十六篇　山西阳泉三泉化石村 ……………………………………（153）
第十七篇　云南禄丰大洼化石村 ……………………………………（165）
第十八篇　甘肃盐集化石村 …………………………………………（176）
第十九篇　浙江义乌森山化石村 ……………………………………（184）
第二十篇　广东河源增坑化石村 ……………………………………（192）
第二十一篇　贵州清镇侏罗纪恐龙特色小镇 ………………………（199）

第三部分：化石村建设探索

化石村建设探索实践及评价指标研究 …………………………………（214）
化石村保护技术要求（草案） ……………………………………………（220）

编后语 ……………………………………………………………………（232）
主要参考文献 ……………………………………………………………（234）

第一部分
最美乡村——化石村

第一篇　化石村由来

中国幅员辽阔，化石资源丰富、独特，产出多种珍奇的具有重大科研价值的化石。2011年国务院《古生物化石保护条例》正式实施后，全国化石保护管理工作得到全面加强，陆续出台了《古生物化石保护条例实施办法》《国家古生物化石分级标准（试行）》和《国家重点保护古生物化石名录（首批）》，并正式认定53处国家级重点保护古生物化石集中产地。但是，许多重要化石产地位于偏远乡村地区，保护基础设施薄弱，当地居民化石保护意识淡薄，珍贵化石资源遭到破坏，成为制约化石保护事业高质量发展的突出问题。在新发展时期，如何结合国家生态文明建设和乡村振兴等重大战略，更好地保护化石，让化石元素融入地方经济社会发展，是化石保护工作者需要思考的问题。围绕该问题，在国家古生物化石专家委员会原办公室专职副主任王丽霞的积极倡导、发起和组织下，中国地质大学（北京）化石保护工程硕士班成立的"海百合小组"最早在湖北远安落星村认领中国第一个化石村，并组织有关单位、社会团体或化石爱好者认领并支持化石村建设。

化石村的认领是由志愿者组织自发自愿地参与化石保护和宣传，发挥其在化石保护技术、科学研究和科普教育宣传等方面优势，为化石产地的保护及相关宣传献计献策、奉献爱心。同时该认领活动具有自发自愿、互利共赢和优势互补等特点，可以充分利用当地化石资源优势开展科研和科普活动。该模式具有创新性，推动了我国化石保护方法的革新，开创了"化石保护"进乡村的事业征程。

第二篇　化石村功能定位

化石村是具有化石资源、化石保护研究基础和良好乡风民俗的自然村镇，是兼具化石保护管理职能和融合化石文化产业发展的特色村落，大多位于国家化石产地的核心区。

2021年,《中华人民共和国乡村振兴促进法》发布实施,化石村的"五个一"工程,即一村一馆——化石科普馆,一村一站——化石保护站,一村一品——化石文化品牌,一村一游——化石研学旅游,一村一乐——化石村农家乐,全面体现了乡村振兴战略"产业兴旺、生态宜居、乡风文明、治理有效、生活富裕"二十字总方针,"以化石村助力美丽中国建设,推动美丽乡村发展;以化石村助力科学研究,带动文化产业发展;以化石村助力乡村旅游,服务乡村振兴"的化石村建设思路与国家乡村振兴战略目标高度一致。"十四五"期间,化石村建设为中国许多化石资源富集的乡村实现化石资源有效保护管理和脱贫攻坚提供了重要支持和发展动力,产生了显著的效益,为我国化石保护事业成功探索出一条新途径。

第三篇 化石村建设现状

党的十九大报告首次将"乡村振兴"写入党章,并系统阐述了实施乡村振兴战略的目标和举措,确立了到2050年全面实现农业强、农村美、农村富的最终目标。乡村振兴战略实施主要目的是拓展乡村功能,帮助乡村更好发展。国内一些乡村不仅是粮食生产者,还是重要化石的产地,许多化石具有重要的科学和观赏价值,可以带动乡村振兴和文旅产业发展,以及农民科技水平和素质的提升,在交通和基础设施完善的情况下,产生巨大社会经济价值。

依托化石资源促进乡村振兴的化石村创建始于2014年,以中国化石第一村——湖北远安落星化石村的揭牌为标志。10年来在社会各界化石保护组织、单位、个人的共同努力下,已顺利在全国17个省份21个村落推进完成化石村的初步建设(图1-3-1),积累了丰富的化石村(镇)建设经验。这些村庄大多自然环境优美,具有良好的生态环境和地貌风光,同时这些重要的化石村大多还是国家级重点保护古生物化石产地或国家地质公园区域,产出如海生爬行动物、恐龙、恐龙蛋、古人类、鱼类、硅化木等各种珍奇化石。以化石村建设为动力,发展以化石为特色的乡村旅游产业,将会或已经成为推动最美村落实现生态文明建设和服务乡村振兴总目标的重要抓手。

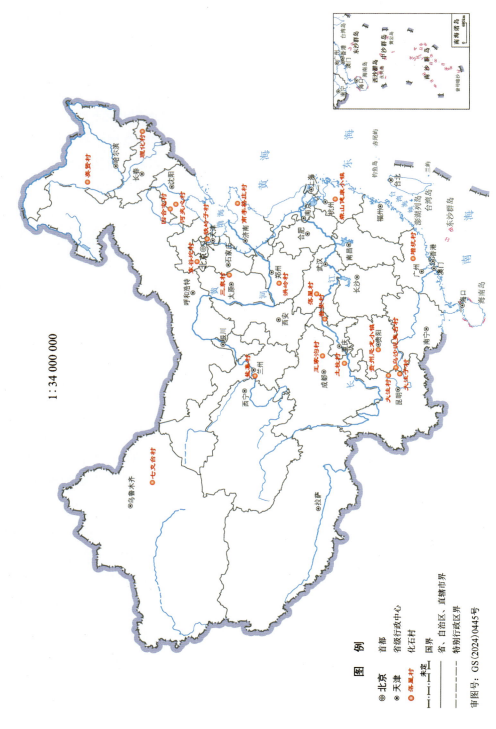

图1-3-1 全国21个化石村的分布图

第二部分
走进化石村

按照化石村认领先后顺序，依次介绍21个中国化石村的地理位置、化石资源、建设情况等内容，同时提出下一步加强化石保护、科研科普及乡村振兴等方面的规划思路

第一篇　湖北远安落星化石村

——最古老的海生爬行动物栖息地

湖北省远安县落星村是全国首批国家化石产地，是远安国家化石产地的核心保护区，是远安化石群国家地质公园的主要园区。落星村是2014年全国第一处村级化石保护站建设地点，因此被誉为"中国化石第一村"（图2-1-1）。2021年5月，落星村被中国地质学会正式批准为全国首批地质文化村，因此，落星村也成为全国首批、湖北省首个地质文化村。"十三五"期间，落星村紧密围绕产业脱贫和乡村振兴发展目标，立足化石资源优势，高起点谋划，全面打造化石村名片，村庄主题得到有力彰显，基础设施不断完善，多元产业快速发展，村落社会经济条件及环境面貌得到极大改善。

图2-1-1　2014年6月远安县落星村化石保护站揭牌

一、地理位置

落星村位于湖北省宜昌市远安县北部,地处荆山腹地和长江一级支流沮漳河上游(图2-1-2),以S456省道与外部连接,距离远安县城约40分钟车程,是鄂西山区典型的偏远贫困村庄之一。落星村总面积约11.67km², 西部为岩溶(喀斯特)发育区,地表水缺乏,但古生物化石和洞穴旅游资源丰富;东部为非岩溶区,是主要耕作和生活地区,耕地面积约1800亩(1亩≈666.67m²),是远安生态农业(香菇和瓦仓大米)的重要基地之一。全村总人口1172人、439户(截至2021年底)。

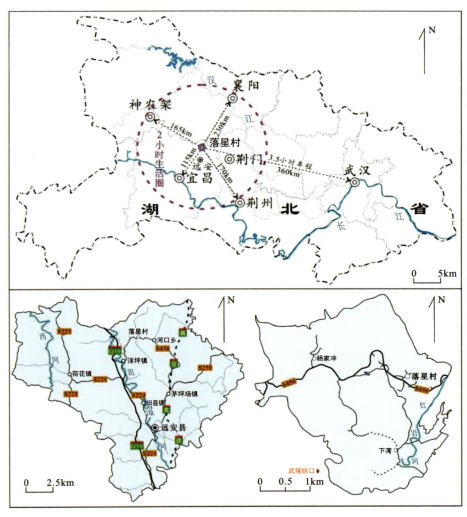

图2-1-2 落星化石村区位交通示意图

落星村山林面积约 11 265 亩，植被覆盖率在 90% 以上（图 2-1-3），生态环境优良。落星村文化传承久远，保留了独具魅力的花鼓戏、呜音等传统文化，以及原始古朴的嫘祖信仰，具有无比浓郁的沮漳风情，展现了楚风遗韵。

图 2-1-3　湖北远安落星村风光鸟瞰

二、重要化石资源

落星村古生物化石资源禀赋优越，发现大量距今 2.47 亿年的以湖北鳄类-鱼龙类-始鳍龙类等为组合特征的海生爬行动物化石（图 2-1-4）。其中以湖北鳄类为主，包括南漳湖北鳄、孙氏南漳龙、远安南漳龙、短颈始湖北鳄、长形似湖北鳄和卡洛董氏扇桨龙等 6 个属种；鱼龙类仅发现张家湾巢湖龙；始鳍龙类包括 4 个属种，分别为三峡鸥龙、湖北汉江蜥、远安"贵州龙"和襄楚龙。化石个体大小从 20cm 到 300cm 不等，保存完整，形象生动。湖北鳄类不长牙齿，骨骼粗壮，显得笨拙而温顺；张家湾巢湖龙类是游泳健将，可在海中任意驰骋；始鳍龙类巨大而凶猛，处于食物链的顶端。

落星村化石的重要价值可用 3 个"最"和 1 个"唯一"来概括，即代表全球最早的海生爬行动物群落，其中发现了最早的"须鲸式"和"鸭嘴兽式"捕食方式的海生爬行动物（图 2-1-5 至图 2-1-8），落星村也是史前著名海洋动物——湖北鳄类在地球上唯一的栖息地。落星村古生物化石科学意义重大，被广泛关注，研究成果曾登上 *Nature* 等著名科学杂志。科研人员在落星村发现了最早的"鸭嘴兽式"捕食方式海生

图 2-1-4 落星村发现的不同海生爬行动物化石及复原图（据程龙等，2020）
A. 南漳湖北鳄化石；B. 卡洛董氏扇桨龙化石；C. 张家湾巢湖龙化石；D. 三峡鸥龙化石；
E. 南漳湖北鳄复原图；F. 卡洛董氏扇桨龙复原图；G. 张家湾巢湖龙复原图；H. 三峡鸥龙复原图

图 2-1-5 最古老的"须鲸式"捕食者南漳湖北鳄化石

爬行动物——卡洛董氏扇桨龙，于2019年2月在中央电视台《新闻联播》中播出，并被十多家国内外知名媒体报道和转载，引起社会各界的广泛关注。

落星村产出的许多完整化石骨架也是科普展览的珍品，已被中国地质博物馆、中国古动物馆、国家海洋博物馆、上海自然博物馆、浙江自然博物馆等多家著名博物馆作为重要馆藏内容，一些博物馆还设有专柜，专题展陈介绍这些地球最古老的海生爬行动物。

图 2-1-6　最古老的"鸭嘴兽式"捕食者卡洛董氏扇桨龙化石

图 2-1-7　游泳健将张家湾巢湖龙化石

图 2-1-8　落星村海生爬行动物群生态复原场景（仇吉顺绘）

三、化石村建设

自 2014 年落星村建成村级化石保护站、获得"中国化石第一村"名片以来,各级政府部门开始对其高度重视并大力支持推动其化石村建设,围绕村落珍贵化石资源的保护管理和创新开发利用开展了大量卓有成效的工作。 2015 年,《湖北省远安县国家级重点保护古生物化石集中产地保护规划》制定并发布实施,明确落星村在"十三五"时期的总体发展目标是完成"五个一"工程,即一村一馆——化石科普馆,一村一站——化石保护站,一村一品——化石文化品牌,一村一游——化石产地旅游,一村一乐——化石村农家乐。 2016 年开始,远安县古生物化石主管部门——远安县自然资源和规划局以及湖北省地质科学研究院将落星村作为对口精准扶贫村,每年投入专项资金支持开展化石村建设。随着化石村基础设施的不断完善,浙江名家坞实业发展有限公司在各方重视与支持下,不断推进落星化石村快速建设发展,"五个一"工程在"十三五"期间已全面完成。

1. 一村一馆

为科学保护、研究和展陈落星村的珍稀古生物化石,远安县化石主管部门——远安县自然资源和规划局在落星村张家湾组织开展了化石发掘工作并实施原地保护工程,建成一座与村湾建筑风格一致的化石原位保护馆(图 2-1-9),馆内有保护、修复和展示较完整的海生爬行动物化石骨架 5 件,配套设置了相应的科普解说标识物。 该馆是落星村接待和开展研学教育活动的重要地点,也是中国地质大学(北京)化石保护工程硕士班的野外实习基地。

图 2-1-9 落星村化石原位保护馆

2. 一村一站

2014 年,落星村正式挂牌建立化石保护站,随即得到各方大力支持。 从 2016 年开始,远安县古生物化石主管部门——远安县自然资源和规划局的主要领导开始驻村并全面加强化石保护管理，同时邀请湖北省地质科学研究院、中国科学院古脊椎动物与古人类研究所、中国地质调查局武汉地质调查中心等科研专家长期在落星村开展化石保护及科学研究工作（图2-1-10、图2-1-11）。在保护站组织领导下，有关专家对落星村含化石地层开展了4次系统发掘工作，抢救珍贵化石骨架60余件，修复14件，发表相关科研论文10余篇。他们通过长期推动化石产地发展、保护化石标本并进行保护宣传，成功引导当地许多村民加入化石保护行列，由于组织管理得当，全村古生物化石资源得到了有效保护管理，杜绝了化石盗挖、盗卖，化石保护站功能得以充分发挥。

图2-1-10　湖北省地质科学研究院和中国科学院古脊椎动物与古人类研究所专家在落星村开展化石抢救发掘

图2-1-11　落星村化石保护站野外工作人员合影(2016年)

3. 一村一品

各级政府部门、单位高度重视打造和推广落星村"中国化石第一村"特色名片，充分利用各种活动、论坛、博览会、媒体对它进行专题介绍和推广。同时，立足落星村科学特色，各方大力转化落星村古生物化石科研成果，成功推出一系列主题宣传视频、画册、手册、文创产品，广泛传播落星村的化石科学文化，帮助村落不断增强知名度和提高影响力，为其高质量建设发展营造良好氛围（图2-1-12）。

图2-1-12 落星村化石主题科普读物

以"中国化石第一村"为主题参加国内大型矿物博览会，如湖北黄石矿博会、湖南长沙矿博会等（图2-1-13）。

图2-1-13 2017年长沙矿博会"中国化石第一村"特展区

在电视、报纸、网络媒体宣传远安化石村百余次；以"中国化石第一村"和湖北鳄为主题设计制作多项文创产品等（图2-1-14）。落星化石村文化品牌得到逐步彰显，落星"龙村"的知名度和影响力也在不断提升。

图2-1-14　落星村特色农产品和文创产品

4. 一村一游

2017年远安县人民政府通过招商引资顺利引入浙江名家坞实业发展有限公司，围绕落星村张家湾化石点开展"中国化石第一村"景区建设（图2-1-15），建成旅游公路13km，旅游停车场3000m²，旅游项目14个。湖北省地质局科研团队随后又围绕化石村旅游线路和节点，帮助建设了古生物科普解说系统，古生物地质文化系列标识（化石文化墙、化石文化长廊等，图2-1-16），以及化石科考剖面1处（图2-1-17）。2019年5月，"中国化石第一村"景区顺利建成并开放运营，成为远安县旅游发展战略的重要组成部分之一。

图2-1-15　化石村景区

图 2-1-16　落星村化石文化长廊

图 2-1-17　落星村映沟典型海生爬行动物化石层剖面

5. 一村一乐

围绕落星村旅游产业发展，远安县人民政府通过引导、鼓励、扶持等方式，支持落星村村民改造民居，建成农家乐（图2-1-18）13户，以及配套的商店、水吧、厕所、小型停车场等多处，使落星村成为荆山山脉闻名遐迩的旅游服务重要节点。

图2-1-18 化石村特色农家乐

"五个一"工程实践充分证明，落星村依托其特色化石资源，打造特色化石村的思路是科学可行的，这不仅能够有效引导和支撑相关产业发展（如村庄及周边的旅游业、服务业、餐饮业、零售业），还能够吸引多方关注并得到支持，为村庄发展提供可持续保障。2018年，为进一步加快推动落星村珍贵化石资源的保护研究和有效利用，湖北省地质局和远安县人民政府正式签订了《战略合作协议》，由远安县人民政府与湖北省地质局下属的湖北省地质科学研究院在远安县共建古生物科研平台——远安化石保护研究中心，全面加强落星村化石保护研究工作（图2-1-19），帮助落星村加快发展绿色产业。

在各方大力支持和长期努力下，落星化石村的知名度和影响力不断攀升。近5年来，国内外知名专家学者受邀到落星村参观考察超过30次（图2-1-20），中小学生研学团队到落星村开展研学科普活动（或科普进校园活动）不少于10次（图2-1-21），央视网、中国新闻网、《中国自然资源报》、《中国矿业报》、《湖北日报》等知名媒体对化石村进行宣传报道不低于40次。落星村"中国化石第一村"已走出荆山，并成为我国珍贵自然资源保护和科学利用协同并进、科学事业和乡村事业结合发展的一处典范。

十年弹指一挥间，通过化石村开发建设，落星村相比过去知名度和影响力大幅提升，生态环境得到全面改善，道路、交通、水电等设施基本完善，村民收入显著提高，村庄在区域发展中的重要地位也日益彰显。2020年，落星村被列入湖北省美丽乡村示范村之一。2021年，中国地质学会公布：落星村成为全国首批、湖北省第一个地质文化村……乡村振兴，落星村还在大步前行。

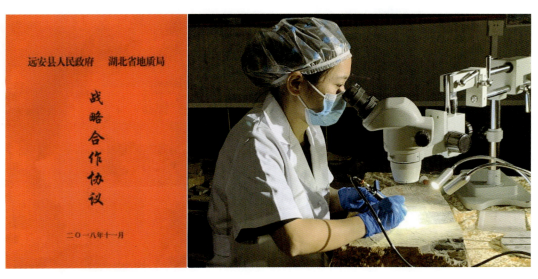

图2-1-19 局地共建的远安化石保护研究中心工作人员对落星村化石开展专业修复研究

图2-1-20 有关专家学者在化石村考察

图 2-1-21　化石村的研学及科普进校园活动

四、下一步规划与展望

按照《中华人民共和国国民经济和社会发展第十四个五年规划和 2035 年远景目标纲要》（简称"十四五"规划）提出的"坚持农业农村优先发展　全面推进乡村振兴"要求，在前期工作基础上，远安县人民政府与湖北省地质局将在"十四五"期间继续加强合作，进一步大力发掘落星村化石特色和资源价值，深入拓展地质古生物科研成果转化应用的范围，帮助落星村全面发展现代乡村富民产业，重点推动休闲农业发展和乡村旅游精品工程项目建设。　目前，在政府大力支持和相关技术团队协助下，以落星村湖北鳄化石为主题的地质文化广场和化石科考剖面综合体，以及张家湾化石原位保护馆（新馆）建设工程已进入紧锣密鼓的筹备建设阶段(图2-1-22、图2-1-23)，计划通过几年的努力，将落星村建成为一处科学氛围浓厚、生态环境优良、乡风民俗质朴的现代化化石村，使之成为世界级的古生物科考胜地和独具特色的"三叠纪公园"，让这个美丽村庄既成为村民温馨的家，又成为国内外游客心中的向往之地。

图2-1-22　正在建设中的落星湖北鳄地质文化广场和化石科考剖面综合体效果图

图2-1-23　规划中的张家湾化石原位保护馆(新馆)效果图

第二篇　贵州兴义乌沙泥麦古化石村

——三叠纪海生爬行动物栖息地

贵州兴义乌沙泥麦古化石村是全国首批国家化石产地——兴义国家化石产地和兴义国家地质公园的核心区，是贵州省中三叠纪海生爬行动物群(兴义动物群)的主产地，也是华南三叠纪地层古生物科学研究、科普教育的重要基地。2015年2月，国家古生物化石专家委员会支持兴义乌沙泥麦古化石村揭牌建设村级化石保护站和化石村(图2-2-1)。 泥麦古化石村，依托珍奇的贵州龙、海龙、鱼龙等化石资源，结合当地自然环境和区位优势，紧密围绕产业脱贫和乡村振兴目标，高起点谋划，高质量推动化石村建设，村庄主题得到有力彰显，基础设施逐步完善，多元产业快速发展，乡村社会经济条件及环境面貌得到极大改善。

图2-2-1　2015年2月兴义乌沙泥麦古化石村揭牌

一、地理位置

兴义乌沙泥麦古化石村隶属于黔西南布依族苗族自治州兴义市，地处兴义市西部，东连坪东街道办，南邻白碗窑镇，西靠云南省曲靖市罗平县钟山乡和云南省曲靖市富源县十八连山镇，北接云南省曲靖市富源县古敢水族乡。乌沙泥麦古化石村位于典型的喀斯特地貌区，属典型的椎状喀斯特峰丛地貌。村庄自然生态环境优美，既有丰富的海生爬行动物化石资源（图2-2-2），又有典型的喀斯特地貌景观资源，是世界上著名的地质旅游胜地。

二、重要化石资源

兴义乌沙地区发现的海生爬行动物化石禀赋优越，古生物遗迹中产出了大量保存完整、形态精美的化石，尤其以海生爬行类和鱼类最为丰富和完好，几乎所有三叠纪的海生爬行动物门类的代表都在该区出现，因此我们统称该动物群为"兴义动物群"。它主要包括鳍龙类、鱼龙类、海龙类三大门类。发现的属种有：鳍龙类群以胡氏贵州龙最为丰富（胡氏贵州龙发现者是胡承志，见图2-2-3），以及新发现的鳍龙超目楯齿龙目豆齿龙亚目的康氏雕甲龟龙、始鳍龙目真鳍龙亚目的岔江黔西龙、幻龙科的兴义鸥龙和杨氏幻龙（图2-2-4）、纯信龙形超科李氏云贵龙（图2-2-5）和短吻王龙；鱼龙类群有乌沙黔鱼龙（图2-2-6）；海龙类群有乌沙安顺龙、黄泥河安顺龙和兴义新浦龙。兴义动物群中还有一些具明显陆生特征的原龙类和初龙类，如原龙类的富源巨胫龙与伦巴底长颈龙相似，初龙类的富源滇东鳄与梦境滨鳄相似。此外，在兴义动物群中还发现了种类丰富、个体差异明显、生活方式相异的鱼类化石，既有成群生活的小型鱼类，也有长达1m、体型巨大的肉食鱼类，甚至出现了胸鳍特化的飞鱼——兴义飞翼鱼（图2-2-7）。通过菊石生物地层对比和锆石测年等方法，兴义动物群的地质时代进一步被确定为中三叠世拉丁期晚期。

图2-2-2 兴义海生爬行动物群生物复原图（Brian Choo 绘）

图2-2-3 胡氏贵州龙命名者胡承志先生（中）

图 2-2-4　乌沙剖面发现的杨氏幻龙化石

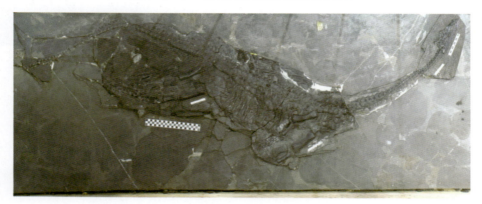

图 2-2-5　乌沙剖面发现的李氏云贵龙化石

图 2-2-6　乌沙剖面发现的乌沙黔鱼龙化石

图2-2-7 乌沙剖面发现的兴义飞翼鱼化石——全世界最早发现的飞鱼化石

长期以来,国内相关科研团队,如北京大学江大勇教授研究团队(图2-2-8)围绕兴义动物群开展了大量科学研究工作(图2-2-9),取得了许多轰动世界的科研成果。兴义动物群是目前世界上发现的唯一一个拉丁期晚期的、同时具有近岸型和远洋潜力型海生爬行动物属种的多门类生物组合的化石群,化石的多样性与代表性在同一地质历史时期较为罕见,科学意义十分重大。

图2-2-8 北京大学江大勇教授(前排右四)研究团队

— 23 —

图 2-2-9 中国科学院院士、中国地质大学(武汉)教授殷鸿福(右)、北京大学教授江大勇(左)、中国地质大学(武汉)教授童金南(中)在兴义考察研究

三、化石村建设

兴义乌沙泥麦古化石村自2015年2月建成村级化石保护站、获得"化石村"名片以来,受到各级政府部门高度关注和支持,围绕其珍贵化石资源的保护管理和创新开发利用开展了大量工作,专家委员会聘请中国科学院院士、古生物学家作为科学顾问,对化石保护、研究和化石村建设作全面指导(图2-2-10)。2016年3月,在贵州兴义召开了首届化石村规划研讨会(图2-2-11)。2015年,《兴义国家地质公园规划》制定并发布,将化石村"五个一"工程建设内容纳入规划中,化石村将严格按照化石村建设内容落实"一村一馆——化石科普馆、一村一站——化石保护站、一村一品——化石文化品牌、一村一游——化石产地旅游、一村一乐—化石村农家乐"建设工作。

1. 一村一馆

在兴义地方政府和相关科研机构的大力支持下,全面落实了化石村"一村一馆"建设工作,已建成兴义国家地质公园博物馆(图2-2-12)和兴义贵州龙化石原位保护馆(图2-2-13)。

图 2-2-10　贵州兴义化石村专家顾问

（左起：王丽霞　童金南　李继江　殷鸿福　王天洋　江大勇）

图 2-2-11　2016年3月8日,首届化石峰会暨化石村规划研讨会在兴义举办

图 2-2-12 兴义国家地质公园博物馆

图 2-2-13 兴义贵州龙化石原位保护馆

2. 一村一站

兴义地质公园管理处作为化石产地和化石村的业务主管部门，自化石村挂牌成立以来，主要负责化石村的日常管理工作，并联合相关科研机构共同挂牌成立了兴义化石保护研究中心（图2-2-14），同时制定了严格的化石保护管理制度和化石村村规民约（图2-2-15），通过长期普法宣传，已将化石保护的理念传达到全村家家户户。

图 2-2-14　兴义化石保护研究中心

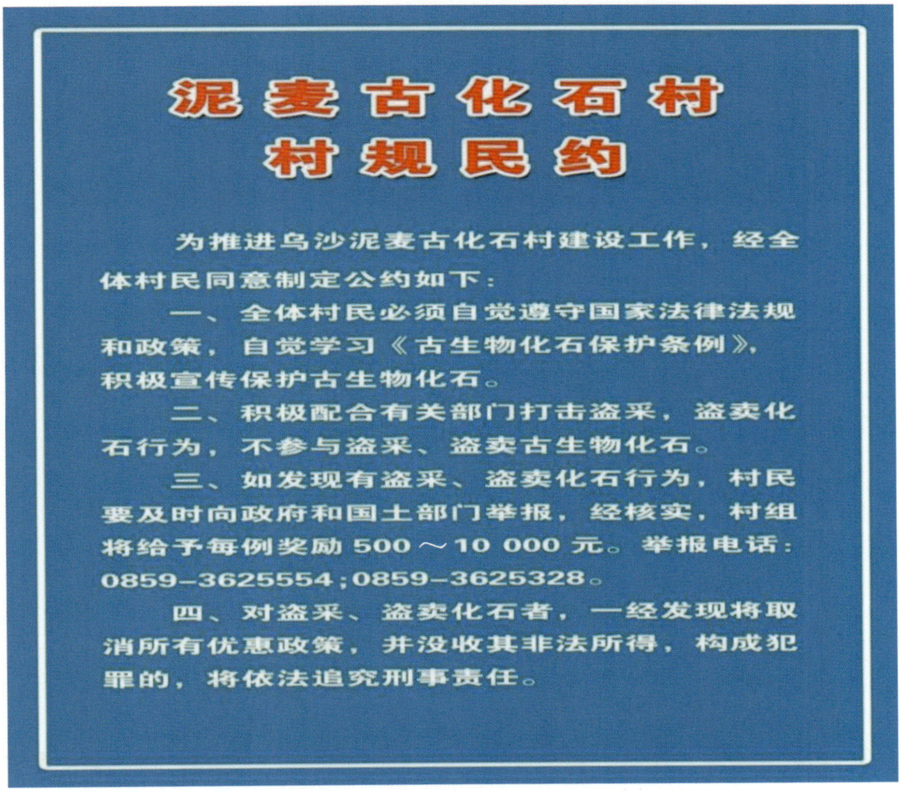

泥麦古化石村村规民约

为推进乌沙泥麦古化石村建设工作，经全体村民同意制定公约如下：

一、全体村民必须自觉遵守国家法律法规和政策，自觉学习《古生物化石保护条例》，积极宣传保护古生物化石。

二、积极配合有关部门打击盗采、盗卖化石行为，不参与盗采、盗卖古生物化石。

三、如发现有盗采、盗卖化石行为，村民要及时向政府和国土部门举报，经核实，村组将给予每例奖励 500～10 000 元。举报电话：0859-3625554；0859-3625328。

四、对盗采、盗卖化石者，一经发现将取消所有优惠政策，并没收其非法所得，构成犯罪的，将依法追究刑事责任。

图 2-2-15　泥麦古化石村村规民约

3. 一村一品

泥麦古化石村自成立以来,以"贵州龙"为品牌,成功推出了系列文创产品(图2-2-16、图2-2-17),包括"贵州龙"创意刺绣、龙腾中华酒等。

图2-2-16 "贵州龙"卡通形象

图2-2-17 "贵州龙"品牌文创产品

4. 一村一游

以"龙化石"为特色的文化墙（图 2-2-18）、浮雕在村头村尾随处可见，化石村村容村貌发生了较大变化，村庄特色名片得到了有力彰显。依托兴义地质公园博物馆和兴义贵州龙化石原位保护馆，泥麦古化石村积极组织开展各种观光旅游、科普研学活动，用化石科普研学及旅游带动地方经济发展（图 2-2-19）。

图 2-2-18　泥麦古化石村科普文化墙

5. 一村一乐

目前，贵州兴义乌沙泥麦古化石村农家乐项目正在筹建中。

四、下一步规划与展望

按照国家第十四个五年规划提出的"坚持农业农村优先发展　全面推进乡村振兴"要求，在"十三五"乡村振兴的基础上，继续立足兴义乌沙泥麦古化石村的化石特色，深入拓展和全面发展其现代乡村富民产业，进一步落实休闲农业和乡村旅游精品工程建设工作，推进地方美丽乡村建设和旅游产业发展，以"化石＋旅游"服务乡村振兴。

图 2-2-19 科普研学活动

第三篇　河北阳原东谷坨化石村
——远古人类的东方脚踏地

河北阳原东谷坨化石村是河北泥河湾国家级自然保护区的重要区域，是"泥河湾层"的典型出露区。1924年"泥河湾层"由英国地质学家巴尔博命名，是全球第四纪标准地层之一，其沉积厚度大，出露完整，蕴含着丰富的古生物、古地理、古气候、古人类等学科的珍贵信息，是世界罕见的地质遗迹，对研究新近纪至第四纪中国北方地区地球环境变化、生物和人类演化历史具有极高的科研价值。

2011年，泥河湾保护区被国土资源部评为"第二批国土资源科普教育基地"。2014年，保护区又被认定为首批"国家级重点保护古生物化石集中产地"。

2015年3月8日，泥河湾保护区与阳原县大田洼乡有关领导一起参加由中国地质博物馆工会组织的庆"两会"迎"三八"认领化石村活动，签订了东谷坨化石村认领协议（图2-3-1）。自认领工作以来，保护区按照相关的工作机制，以该化石村为依托，传播化石科学知识、开展化石保护宣传教育及科学普及、完善化石保护管理、促进化石研究学术交流、带动化石艺术与化石产业的发展，取得了一定的成效。

图2-3-1　2015年3月8日中国地质博物馆工会认领泥河湾东谷坨化石村签约仪式

一、地理位置

东谷坨化石村位于河北省阳原县大田洼乡西部 1km 处，毗邻宣大高速化稍营出口，经 X450 县道与 G109 国道和 G207 国道等主要交通干线构成四通八达的交通网，地理位置优越，交通便利，距离张家口市约 70km，距离首都北京市约 230km。区域面积 1.7km^2，耕地面积 1000 亩，主要产业为种植业。

东谷坨化石村（图 2-3-2）位于著名的小长梁遗址的东南部，所在的泥河湾盆地属汾渭-桑干一系列"歹"字形断陷构造盆地的北部，周围山峦起伏。河谷与周围山地之间高差多在 500~1000m 之间，极端高差近 2100m。盆地中第四纪地层分布高度在北部山前海拔 1200m 左右，其余地区大多在 1100m 以下。侵蚀—剥蚀中低山和低山丘陵构成化石村的山地地貌；下伏以黄土的湖积台地，桑干河及其支流作用形成的谷坡，河流阶地，河床、河漫滩、冲沟等各种河流（沟谷）地貌为主，构成盆地内部的地貌主体。

图 2-3-2　村落景观

桑干河是村内最大的河流，与其主干支流浑河、黄水河、源子河、御河、壶流河等构成桑干河水系。桑干河发源于山西芦芽山北端主峰之一的官涔山，向北东方向流经大同盆地，至册田水库以东进入阳原盆地，经石匣里东部峡谷流出阳原盆地。

二、重要化石资源

东谷坨村位于泥河湾盆地（桑干河盆地）东北端，恰恰位于史前消失的"大同湖"边缘。"大同湖"存在时期，其最大面积达 9000km^2，当时湖边栖息着 120 多种哺乳动物，例如大象、犀牛、牛、马、鹿、蹄兔、猪、羊、狼、貉、熊、鬣狗和剑齿虎等，同时还有古人类。随着自然环境的变化，"大同湖"有扩大或缩小的变化，动物和人群在湖滨处也有迁移活动。因此，大量动物遗骸和人类遗迹散落在湖滨地层里并形成了丰富的化石。

1981 年，中国科学院古脊椎动物与古人类研究所卫奇研究员带领科考队检查小长梁遗址时，发现了东谷坨遗址。东谷坨遗址的最早发现者是虎头梁业余考古技工王文全，其后卫奇在东谷坨村民的协助下对此地进行了地质和田野考古调查，从此揭开了东谷坨化石考古的面纱。

1991—1992 年，美国与中国的科学家对东谷坨遗址进行了联合发掘，开始了中国规范的田野旧石器时代考古。

2014 年以来，以东谷坨化石村为中心，有关专家在保护区内先后发现了象头山、红崖扬水站以及野牛坡小水沟等重要化石点，抢救性发掘出大批重要的哺乳类动物化石，为开展科学研究提供了珍贵的实物标本材料（图 2-3-3 至图 2-3-5）。

图 2-3-3　有关专家视察草原猛犸象头骨化石发掘工作

图 2-3-4 野牛坡化石点出土的古中华野牛头骨化石

图 2-3-5 野牛坡化石点出土的披毛犀头骨化石

三、化石村建设

按照化石村建设"五个一"工程部署,泥河湾国家级自然保护区管理中心加强与当地政府部门的合作,援建了东谷坨村化石科普馆,共陈列化石百余件,石器50余件,大型沙盘2个,各类展板100m²,成为接待游客参观考察和面向在校学生开展科普宣传的重要场所(图2-3-6、图2-3-7)。

图2-3-6　2016年7月8日东谷坨村化石科普馆开馆仪式

图2-3-7　泥河湾保护区组织学生参观东谷坨村化石科普馆

作为重要化石点，泥河湾保护区的有关工作人员精心谋划建立了原地展示保护设施（图2-3-8）、泥河湾博物馆（2-3-9），这些场馆与化石展室一起构成了化石村的科普展示内容，也打造出一条经典的科普宣传研学路线，并定期组织学生开展科普讲座及研学活动（图2-3-10）。

图2-3-8　象头山原地展示保护设施

图2-3-9　泥河湾博物馆

图 2-3-10　泥河湾保护区邀请专家给学生上科普宣传课

在化石科普馆外,当地政府已启动建设东谷坨化石小镇旅游综合体的工作,旨在发展旅游产业,同时带动当地村民积极参与到化石保护、发掘、修复、利用的行动中来,并提高他们的专业技能,让他们在化石调查和文化遗址发掘中发挥重要作用,同时帮助村民走上脱贫致富之路,形成"保护—发展—保护"的良性循环。

四、下一步规划与展望

泥河湾保护区将继续加强与当地政府的合作,统筹谋划化石村的建设,进一步规范引导科学研究工作有序开展,借鉴先进化石村和化石产地的成功经验完善各类基础设施建设,以化石村建设为抓手,大力开展研学活动,普及化石科学知识,带动当地经济实现又好又快的发展。

第四篇　四川自贡土柱化石村

——独具特色的中侏罗世恐龙化石埋藏地

四川自贡土柱化石村毗邻自贡世界地质公园核心园区——恐龙园区，是全国农村社区建设试点村、四川省新农村试点示范村、四川省村庄环境治理试点村、自贡市统筹城乡综合配套改革重点突破村。土柱村侏罗系十分发育，以恐龙化石为特色的古生物资源禀赋优异。2015年5月，土柱村成为国土资源部支持建设的自贡化石产地的村级化石保护站所在地（图2-4-1），是四川省建立的第一个"化石村"。近年来，土柱村紧紧围绕脱贫攻坚，以恐龙化石为载体，以休闲观光和乡村旅游为抓手，以乡村振兴为目标，精心谋划，大力推进土柱化石村建设和高质量发展，交通等基础设施不断完善，多元产业蓬勃发展，乡村经济大幅增长，生态环境得到极大改善，社会和谐稳定。

图2-4-1　2015年5月自贡土柱村化石保护站揭牌

一、地理位置

土柱村位于四川省自贡市东北部的大安区团结镇，区位条件良好，交通便利，距离市区12km，距离银昆高速公路（G85）3km，距离蓉遵高速（G4215）14km，距离绵泸高铁自贡站12km，距离五粮液机场82km。自贡市主要交通干道之一的"北环路"穿行其间，多路公交均可到达。2021年7月，随着绵泸高铁内自泸段开通，土柱村的交通更加便捷，融入了成渝两地的1小时交通圈（图2-4-2）。

土柱村（图2-4-3）村域面积2.2km²，耕地面积1460亩；辖10个村民小组，617户，户籍人口共计2003人，其中农业人口1098人（截至2021年底）。土柱村充分发挥地理位置和化石资源优势，大力发展特色农业、休闲观光和乡村旅游产业，建立无公害特色蔬菜种植基地和中国观赏鱼繁育基地，集中成片打造休闲、观光和旅游于一体的农业园区和特色农家乐。村民种植的

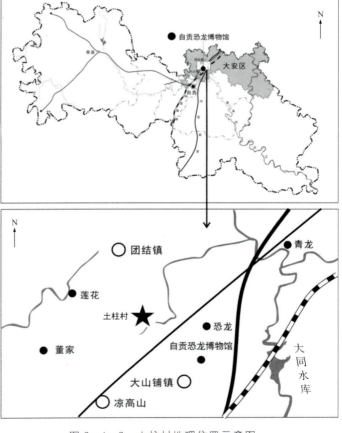

图2-4-2 土柱村地理位置示意图

生姜、萝卜、辣椒、落葵、蕹菜、血皮菜等农产品获得无公害认证,并拥有"团胜"无公害蔬菜品牌,其中反季节生姜的规模效益和萝卜的品牌效益闻名全市乃至整个西南地区。

图2-4-3 土柱村风貌

二、重要化石资源

土柱村是大山铺恐龙化石群重要组成部分,以土柱村为核心的自贡化石产地是我国最重要的恐龙化石产地,也是世界上最重要的古生物化石产地之一。在已发掘的3000m² 范围内,科研工作者发现了200多个个体、上万块的脊椎动物骨骼化石,其中恐龙化石有100多个个体,包括比较完整的恐龙骨架30多具,完整的恐龙头骨10多个。 大山铺恐龙化石群是自贡世界地质公园和国家化石产地的核心资源,科研工作者通过对已产出化石的系统研究,建立了一个新科、两个新亚科,鉴定出蜥脚类、鸟脚类、肉食龙类、剑龙类等恐龙化石,以及鱼类、两栖类、龟鳖类、鳄类、翼龙类、蛇颈龙类、似哺乳爬行类等各种门类的脊椎动物化石共26属29种(包括恐龙12属13种),被列入首批国家重点保护古生物化石名录的共有15种(一级12种、二级3种)。 其中包括一些世界级的珍品:世界上最原始、保存最完整的剑龙化石——太白华阳龙化石(图2-4-4);世界上发现的最完整的小型鸟脚类恐龙化石——劳氏灵龙化石(图2-4-5);世界上保存最完整的较原始的蜥脚类恐龙化石——李氏蜀龙化石(图2-4-6);世界上首次发现的蜥脚类恐龙的骨质尾锤化石——李氏蜀龙尾锤化石(图2-4-7)等。

图2-4-4 太白华阳龙化石

图2-4-5 劳氏灵龙化石

图2-4-6 李氏蜀龙化石

图2-4-7 李氏蜀龙尾锤化石

与恐龙共生的其他门类化石如图2-4-8至图2-4-11所示。

图2-4-8 扁头中国短头鲵化石

图2-4-9 川南多齿兽化石

图2-4-10 大山铺鳞齿鱼化石

图2-4-11 长头狭鼻翼龙化石

土柱村恐龙生活场景复原情况如图 2-4-12 所示。

图 2-4-12　土柱村恐龙生活场景复原图（赵闯绘）

大山铺恐龙化石群中丰富而完整的恐龙及其他脊椎动物化石吸引了国内外众多科研院所、高等学校和博物馆的专家积极参与到化石群的系统分类、演化及其埋藏环境等方面的研究中，他们多次前往自贡恐龙化石产地考察研究（图 2-4-13 至图 2-4-16），取得了丰硕的科研成果，如先后在《古脊椎动物学报》、《两栖爬行动物学报》、《科学通报》、Encyclopedia of Dinosaurs、Historical Biology、Journal of Vertebrate Paleontology 等刊物上发表科研论文近 40 篇；出版《四川自贡大山铺中侏罗纪恐龙动物群》系列专著 5 部；恐龙化石的研究成果于 1991 年获得了"四川省科学技术进步奖"二等奖，于 1993 年获得"第六次（1993）国家自然科学奖"二等奖。

图 2-4-13　恐龙研究专家、成都理工大学何信禄教授（右二）在自贡发掘现场考察

图 2-4-14 著名恐龙专家董枝明(中)在自贡恐龙发掘现场考察

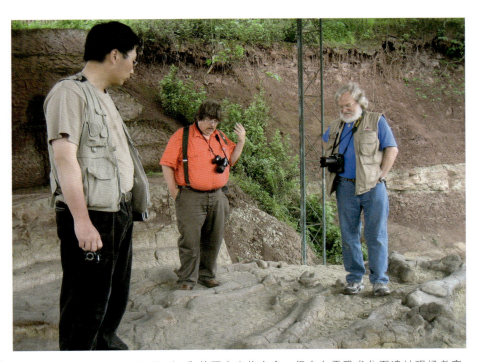

图 2-4-15 尤海鲁研究员(左)和美国古生物专家一行在自贡恐龙化石遗址现场考察

图2-4-16 2015年中国科学院院士徐星（左二）、著名恐龙研究专家董枝明（左三）考察自贡恐龙博物馆

大山铺恐龙化石群不仅具有非常重要的科学价值，而且具有重要的观赏价值和科普价值，每年吸引数十万名民众前来参观学习。不仅如此，大山铺恐龙化石群丰富的恐龙化石标本也是国内诸多博物馆（北京自然博物馆、中国古动物馆、重庆自然博物馆、成都理工大学博物馆等）中最醒目、最吸引人的明星展品。以上博物馆工作人员通过对恐龙的起源、演化、分布和绝灭等科学知识的系统介绍，对恐龙化石骨架的复原展示和恐龙化石的触摸互动式体验，让民众更多地了解恐龙、认识古生物，这样不仅能够提高广大民众的科学素养，培养广大青少年热爱科学、热爱大自然的精神，而且能警示人们爱护环境、保护地球，自觉参与到保护和科学利用好地质遗迹的行动中去。

三、化石村建设

土柱村自2015年与自贡恐龙博物馆、中国地质大学（北京）化石保护工程硕士班、自贡市灵犀义工联合会签订共建村级化石保护站协议以来，受到各级政府、社会公益团体和社会人士的高度关注和支持，其建设按照政府支持、专家指导、企业助力和社会参与的原则进行，开展了大量卓有成效的工作。2016年，在国家古生物化石专家委员会的指导下，《自贡化石产地保护规划》制定并发布实施，土柱化石村进一步明确了的建设思路与发展方向,落实"五个一"工程部署。

按照打造"五个一"工程的思路,"十三五"期间,土柱村以旅游产业发展为导向,以恐龙化石为资源基础,以科普教育、休闲度假为核心,以化石特色村镇建设为目标推进相关工作,通过几年的努力,取得了一系列重要成果。

1.一村一馆

在土柱村建造一个小型科普馆并定期开展科普活动。利用村委会现有场所设立科普教室,并与自贡恐龙博物馆合作开展"科普进社区"、"科普下村镇"、小型化石科普展览、古生物化石保护政策法规宣传等活动(图2-4-17),向广大村民普及一些古生物化石的相关知识,传授一些鉴别和保护古生物化石的手段和方法。

2.一村一站

充分发挥化石保护站的职能,让产地及其周边的化石资源得到有效保护和管理,让当地村民自觉参与到保护化石中去,避免了盗采、盗挖和倒卖古生物化石现象的发生。

图2-4-17 开展政策法规和化石知识宣传普及活动

3. 一村一品

恐龙文化品牌得到进一步彰显。依托产地丰富的恐龙化石资源，充分融合本土文化资源，拍摄了自贡城市形象数字IP——《时空龙骑士》（图2-4-18A），制作了4D动漫影片《侏罗纪大冒险》（图2-4-19），推出了杂技儿童剧《恐龙馆奇妙夜》，创编了公益科普人偶剧《恐龙去哪儿了》（图2-4-18B），举办了自贡恐龙境内外特展20个，开发了明信片、纪念封、邮折、银条、漫画、邮册等多种文创产品，形成了"自贡国际恐龙灯会"品牌。这些影视作品、舞台剧、恐龙特展及文创产品在境内外的热播、热销、演出和展览，充分展现了自贡恐龙文化的魅力，进一步彰显了自贡恐龙文化品牌的力量。

图2-4-18　恐龙文化品牌(A.《时空龙骑士》首发式；B.人偶剧《恐龙去哪儿了》)

图2-4-19　4D动漫影片《侏罗纪大冒险》

4. 一村一游

引进社会资本做大产地旅游。2017年1月，化石村招商引资开发的自贡恐龙欢乐王国主题乐园正式开园。2018年3月，由自贡市文化旅游投资开发有限公司与华强方特文化科技集团股份有限公司共同投资打造的国内首个以恐龙文化为主题的大型高科技现代产业园——方特恐龙王国公园破土动工。该项目于2022年6月18日完成一期工程建设（图2-4-20），占地约1000亩，其中一部分园区位于化石村范围内，预计建成后会带来游客300万人次/年。它的建成开放将有力推动产地旅游转型升级，带动地方经济持续增长，助推化石村跨越式发展。

图2-4-20　方特恐龙王国公园一期工程竣工图

5. 一村一乐

打造特色餐饮农家乐（图2-4-21、图2-4-22）。围绕化石村建设和休闲观光产业发展，土柱村以休闲垂钓和农业观光为抓手，以发展特色餐饮为突破口，按照川南民居风格，通过引导、鼓励、扶持等方式，支持农户实施"五改"工程（改厕、改圈、改厨、改风貌、改院坝），着力打造并建成特色餐饮农家乐20户。这一做法受到联合国教育、科学及文化组织（简称"联合国教科文组织"）世界地质公园专家的高度肯定和称赞。现在这些农家乐不但成为自贡及周边地区市民周末休闲的好去处，也成为带动当地村民就业、促进当地特色农产品销售、助推化石村经济发展新的增长点。

图2-4-21　特色农家乐(左:授牌仪式;右:联合国教科文组织专家考察)

图 2-4-22 特色农家乐及周边环境

自化石村创建以来，土柱村的建设与发展成效显著，村庄公共服务设施更加完善，人居环境更加优美，产业优势更加明显，村民收入和生活质量明显提高。化石村品牌效应在促进区域发展中的作用日益显现，在生态文明建设和实现乡村振兴中的重要地位也日益彰显。

土柱村多年来的实践和探索经验表明，充分挖掘化石资源潜力，突出化石资源特色，按照化石村打造思路发展是可行的，既能够有效引导和支撑相关产业发展，又能够得到政府、社会团体等多方关注、支持和投入，从而实现化石保护与化石村文化、旅游、经济的共赢发展。

四、下一步规划与展望

在习近平新时代中国特色社会主义思想的指导下，按照国家"十四五"规划和2035年远景目标纲要以及《"十四五"推进农业农村现代化规划》的总要求，紧紧抓住乡村振兴战略机遇，在四川省全面建成小康社会的基础上，围绕自贡市"十四五"时期"做精现代农业，建设特色美丽乡村"和"做优现代服务业，建设文旅名城"的目标，土柱村将在各级政府的大力支持以及社会团体的参与下，创新打造"农业＋"和"化石＋"发展新模式，大力推动一二三产业融合发展，延长产业链，提升价值，为乡村振兴提供强有力的支撑，加快推进农业农村现代化发展。

1."化石＋旅游"

打造乡村振兴新引擎。土柱村立足化石资源，做强"恐龙之乡"这张名片，在方特恐龙王国公园一期建成开放的基础上，筹备二期工程的规划建设，计划通过几年的建设，将建成以恐龙化石资源为核心，以自贡恐龙博物馆和化石村为两翼，集科研、科教、文旅、商业为一体的"一馆（自贡恐龙博物馆）一园（方特恐龙王国公园）一镇（时空·龙门镇）一湖（青龙湖）一村（化石村）"，通过"化石＋旅游"，打造乡村振兴新引擎，促进化石文化和旅游产业的深度融合，带动当地社会经济转型发展（图2-4-23）。

图2-4-23　方特恐龙王国公园效果图

2."化石＋文创"

为乡村振兴注入新灵魂。土柱村依托恐龙文化和旅游产业联盟，开发恐龙文化创意产品、仿真恐龙交易展示平台和产业生态链，通过3D技术、大数据算法、AI模型、区块链等互联网先进技术，助力实现恐龙文创产品高端化和仿真恐龙产业的智能化（图2-4-24），促进当地社会经济高质量发展。

图2-4-24　仿真恐龙产业

3. "农业＋产业"

激活乡村振兴新动能。土柱村借助区位优势，全面发展现代乡村富民产业，进一步壮大特色蔬菜产业、观赏鱼产业，深入拓展休闲生态农业和乡村农家乐，全面推进农业产业化融合发展，以"特色农业＋产业""休闲生态农业＋乡村农家乐"为主，打造特色突出、主题鲜明的"农业＋产业"精品工程，带动当地社会经济持续发展。

第五篇　云南罗平大洼子化石村

——三叠纪海洋生态系统复苏和生物辐射的见证

云南罗平大洼子村位于罗平生物群国家地质公园大洼子园区的核心区，2015年2月，被列入国家古生物化石专家委员会确定的首批化石村共建试点村。同年6月，云南省国土资源厅科技与对外合作处处长华红生、国家古生物化石专家委员会办公室尹超为"罗平县大洼子村化石保护站"揭牌（图2-5-1）。自大洼子化石村建立以来，以化石资源为核心的罗平野外基地被列入全国第一批国土资源部野外科学观测研究基地名单中，云南罗平生物群国家地质公园被列入全国第四批国土资源科普基地名单中，云南罗平化石产地被列入全国第二批国家级重点保护古生物化石集中产地名录中。

图2-5-1　罗平县大洼子村化石保护站签约揭牌仪式

一、地理位置

大洼子村位于罗平县中南部，距罗平县城关镇仅15km，在九龙瀑布群风景区与多依河风景区之间，地理位置十分优越。大洼子村距云南省省会昆明市229km，距贵州省兴义市86km，距云南省曲靖市133km，距广西壮族自治区西林县156km。目前已形成以G324国道、罗高公路、南昆铁路为主干，县乡公路和乡村公路相通的交通网络，罗平生物群野外科学观测研究基地交通便利（图2-5-2）。

图2-5-2　罗平生物群野外科学观测研究基地交通示意图

大洼子村属于典型的岩溶峰丛洼地和峰林盆地地貌（图2-5-3），高程在1470～1876m之间，其中最高峰是东南部的大洞皮坡峰，高程1876m；最低点位于西北部的阿邦自然村洼地，高程1470m。峰锥分布密度为4～7个/km²，多呈圆锥状，高40～180m，坡度40°～45°；洼地多呈近圆形、长条形，一般深10～15m；洼地底部平缓，多为耕地。耕地面积约1935.95亩，人均耕地面积约3.95亩，农作物种植以烤烟、玉米、油菜为主，重楼种植为该村特色农副产业。

图 2-5-3 大洼子村远景图

二、重要化石资源

大洼子村古生物化石由中国地质调查局成都地质调查中心在进行云南1∶5万区域地质调查工作时发现，该化石主要位于中三叠统关岭组二段。经过研究证实该地层中埋藏的生物门类具有多样性，且化石保存的完整性举世罕见，堪称"化石宝库"，学者们将这些古生物化石组合正式命名为"罗平生物群"（图2-5-4至图2-5-6）。

图 2-5-4 罗平大洼子村上石坎化石坑

罗平生物群距今约2.44亿年，是海生动物、陆生植物及少量陆生动物的混合生物群落，目前已发现并鉴定海生爬行类、鱼类、节肢动物、棘皮动物、菊石、双壳类、腹足类、腕足类等十多个大类，40属113种（含新命名55种）。其中，节肢动物占主导地位，以甲壳纲为主，数量巨大，属种丰富，包括糠虾类、十足目、等足目、叶肢介以

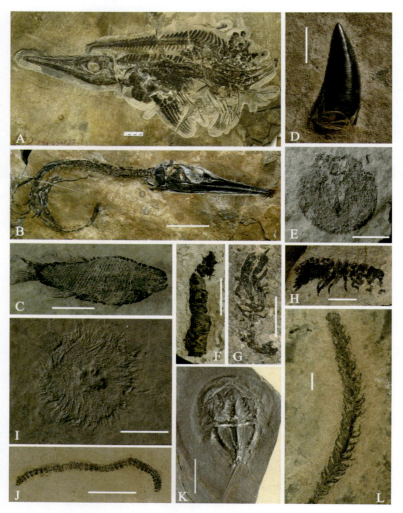

图2-5-5 大洼子村化石类型（图片源于《2012年罗平生物群综合研究报告》）
A. 混鱼龙化石；B. 云南龙鱼化石 Saurichthys yunnanensis；C. 新鳍鱼类化石 Frodoichthys luopingensis；D. 初龙类牙齿化石；E. 节肢动物瘤点云南圆蟹化石 Yunnanocyclus nodosus；F. 粪便化石，内含鱼鳞；G. 箭石，保存有钩刺；H. 等足目节肢动物白氏原双节虫化石 Protamphisopus baii；I. 罗平海胆化石 Yunnanechinus luopingensis；J. 罗平中华千足虫化石 Sinosoma luopingensis；K. 肢口纲节肢动物罗平鲎化石 Yunnanolimulus luopingensis；L. 松柏类植物化石。A、B、G 的比例尺分别为 4cm、5cm 及 2mm；C、I、J、K、L 的比例尺均为 1cm；D、E、F、H 的比例尺均为 0.5cm

图 2-5-6　罗平生物群生态复原图（Brian Choo 绘制）

及可能属于甲壳纲的圆蟹类等，还有螯肢亚门的肢口纲鲎类化石和多足亚门倍足纲的千足虫类化石。鱼类也较丰富，包括辐鳍鱼亚纲软骨硬鳞鱼次纲的古鳕鱼类、龙鱼类，辐鳍鱼亚纲新鳍次纲的裂齿鱼类、肋鳞鱼类、半椎鱼类、鲱口类和铰齿鱼类，肉鳍鱼亚纲空棘鱼类等，大部分是新属新种。海生爬行类主要包括鱼龙类、原龙类、鳍龙类等。伴生生物还包括软体动物门的菊石、双壳类、腹足类、箭石、舌形贝类，棘皮动物门的海胆、海星、海百合、海参，以及牙形类、有孔虫类、植物（松柏类）等化石。其中鲎、等足目、千足虫等化石均是首次在我国发现，海生爬行类的利齿滇东龙、丁氏滇肿龙、云贵中国龟龙在自然资源部（原国土资源部）公布的《国家重点保护古生物化石名录（首批）》中被列为一级重点保护古生物化石。

三、化石村建设

大洼子村自2015年2月被列入国家化石专家委员会确定的首批化石村共建试点以来，受到各级党委、政府的高度重视，该村紧紧围绕古生物化石资源，按照化石村建设"五个一"工程部署，真抓实干、积极工作，狠抓化石资源保护开发工作，实施全域旅游战略，促进大洼子村社会经济可持续发展，效果显著。

一是强化罗平生物群化石资源的保护管理。自2007年10月"罗平生物群"被发现以来，罗平县成立了罗平生物群建设管理委员会，为罗平县自然资源和规划局下设办公室，从人力、物力、财力等方面全面优先保障各项工作的开展；成立了罗平生物群地质公园管理局并修建了一座简易的古生物化石博物馆（图2-5-7），该管理局负责国家地质公园的建设、管理、保护等日常工作，为罗平县开展化石保护工作开创了新局面。

图2-5-7　大洼子化石村博物馆外景图

罗平生物群建设管理委员会对罗平县大洼子村及周边古生物化石群实行全天24小时监管保护。强化监管巡查，多部门联动打击盗采、盗掘违法行为，每年由罗平县人民政府组织开展至少1次的打击非法盗采和破坏资源的违法行为专项整治行动，罗平县自然资源和规划局、公安局、司法局等相关部门密切配合，积极开展对化石的保护、宣传工作，形成了高效联动机制，严厉打击了非法盗采和破坏资源的违法行为。2011—2020年，罗平县共划拨专项经费300余万元，查处违法行为52起、批捕5人次、行政拘留4人次。

二是高效推动生物群化石资源科研科普工作。近年来，罗平生物群的研究得到国内外古生物科学研究专家、学者的高度关注，相关古生物专家多次前往罗平县大洼化石产地考察研究（图2-5-8至图2-5-12），组建了国际联合科研团队开展生物群的科学研究工作。罗平生物群研究团队在 *Nature Communications*、*Scientific Report*、*Proceedings of the Royal Society B*、*Journal of Vertebrate Paleontology*、*Journal of*

图2-5-8　殷鸿福院士（中）考察罗平生物群

图2-5-9　国际地质科学联合会主席（右五）考察罗平生物群

Paleontology、Palaeontology、Geological Magazine、Acta Palaeontologica Polonica 等期刊上发表学术论文80余篇，出版了《罗平生物群——三叠纪海洋生态系统复苏和生物辐射的见证》，并在《大自然》期刊上发表了《罗平的鱼龙化石新发现》（图2-5-13）。"罗平生物群综合研究"成果获"2014年度中国地质调查局成果奖"一等奖，2015年获"国土资源科学技术奖"一等奖，2016年入选中国地质调查百项成果奖，有力推动了三叠纪地学研究和当地旅游业的发展。

图2-5-10 泰国矿产资源局一行考察罗平生物群

图2-5-11 维也纳大学Jürgen Kriwet教授（右一）考察罗平生物群

图 2-5-12　罗平生物群科学研究团队

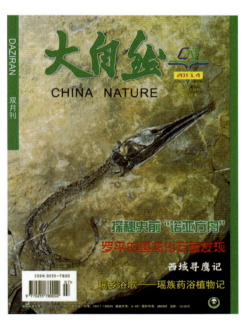

图 2-5-13　罗平生物群研究成果

作为罗平生物群国家地质公园核心区，大洼子化石村按照《全民科学素质行动计划纲要实施方案（2016—2020年）》，围绕国家地质公园建设，积极开展科普宣传工作，制定了科普工作制度，为科普工作提供制度保障；以罗平生物群和生命演化为主题，开发了"远古生命大爆发""形形色色的化石——生命演化的故事""劫后重生——南盘江盆地三叠纪生物大复苏""探索化石——开启通往远古世界的大门"（图2-5-14）等科普教程。截至目前，该化石村制作电视宣传片、主题片共8部，光碟2000余张，印制宣传册种类达10种，发行5万余册，组织开展各类科普活动150余次，参加人数达30余万人次。

图2-5-14 "探秘化石——开启通往远古世界的大门"科普讲座

另外，大洼子化石村通过开展特色的科普讲座、科普研学活动（图2-5-15），出版科普图书，发表科普论文，制作科普视频等方式扩大科普受众面。科普图书《劫后重生——南盘江盆地三叠纪生物大复苏》入选2019年全国中小学图书馆（室）推荐书目，2021年被评为中国地质学会优秀科普产品。除此之外，罗平生物群研究团队精心打造了"罗平生物群"微信公众号，截至2021年12月底，共发布各类图文信息548条，图文阅读总人数98 554人，图文阅读总次数154 604次，关注人数2000人。

三是强化投入保障，有效推动化石资源保护与开发并重。大洼子化石村建设始终坚持"依法管理、有效保护、有度科研、有序开发"原则，大力推进地质遗迹的保护工作，做到"在保护中开发、在开发中保护"，实现资源的可持续利用，先后完成了70km² 化石产地范围内的地质遗迹调查工作，地质遗迹普查点158个，查清了遗迹点的类型、分布和数量，建设了产地范围内地质遗迹数据库；共清理、鉴定了各类古生物化石8734件，强化了对罗平生物群化石的保护。2017年，罗平生物化石群国家地质公园旅游基础设施建设项目正式启动，集国家、地方资金共同开展建设，其中中央预算内投资960万元，地方配套资金240万元。2017年罗平县国土空间规划委员会研究决定

图 2-5-15　地质科普研学夏令营

扩大建设规模，增加投资 2000 万元。目前公园主碑、副碑和"三叠纪"碑主体结构已完工，建成大洼子园区四级公路 8km，游客步道 16km，游客中心 1500m²，游客休息亭 3 个，生态公厕 2 个，停车场 3000m²，以及消防水池及管道等旅游基础设施。罗平生物群国家地质公园保护利用设施建设项目有序推进：已建成化石库房 360m²，博物馆 136m²（图 2-5-16、图 2-5-17），科普影视厅 1 个，化石保护玻璃罩 156m²，化石剖面点 3 个。2021 年 9 月罗平县人民政府成功申报罗平生物群国家地质公园提质改造项目，总投资 29 628.90 万元，争取国家转债资金 13 800 万元。

图 2-5-16　化石博物馆放映厅

图 2-5-17　化石博物馆展厅

四、下一步规划与展望

大洼子化石村继续立足化石保护与化石产业并重的发展模式，将从以下三个方面进一步加强化石保护、科研科普及文旅产业建设。

一是通过多种形式加大对古生物化石资源的保护及法律法规的宣传力度，做到化石保护工作家喻户晓，不断提高全民保护古生物化石资源的意识；加大对项目开发的宣传推广力度，让化石村村民知晓其益处，并自觉参与到化石村建设中去；积极做好旅游项目的营销工作，用好国家地质公园这块金字招牌，加大旅游项目的营销推介工作；切实加大招商引资和项目开发的力度，早日让更多旅游项目得以落地、让村民得到实惠，以开发促进保护。

二是结合现有建设项目，以大洼子化石为基础，以云贵高原的沧海桑田地质演化为背景，深入挖掘、理性辐射，将科考、研究、展示、交流、观赏、收藏、娱乐等功能融为一体，与罗平县全域旅游开发相结合，打造以"馆""园"结合、突出科普展示为重点，以学术研究为支撑，以研学旅行为目标，以主题实践为创新的"四为一体"模式的科普、科研、文旅基地。

三是将大洼子村作为体验、科考、休闲深度游的重要目的地纳入罗平生物群国家地质公园建设中，把资源转化为旅游产品，适应旅游产业大众化、自主化和新产品、新业态的升级，让罗平古生物化石群成为曲靖旅游新业态的亮点；项目开发内容与生态观光、文化体验、康体休闲、城郊乡村游等相配套（图2-5-18），与文化建设、城乡建设、生态建设联动推进，与农业、工业、体育等产业联动发展。罗平县古生物化石赋存面积达200 km^2，结合化石覆盖面广的特点，以大洼子村开展地质文化村、化石村建设为试点，结合乡村振兴，因地制宜向全县推广，推动罗平县从"景点旅游"向"全域旅游"转变。

图2-5-18　正在建设中的罗平生物群国家地质公园科普馆

第六篇　新疆鄯善南湖化石村

——丝绸之路最美化石村

新疆鄯善是首批国家级重点保护古生物化石集中产地之一，七克台镇南湖村位于新疆鄯善化石产地的核心区。2014年10月8日，鄯善县人民政府支持建立了国家首个古生物化石保护研究中心——鄯善古生物化石保护研究中心。2015年9月16日，新疆鄯善七克台镇南湖化石村揭牌（图2-6-1）。国家"一带一路"倡议为丝绸之路上鄯善南湖村的发展带来了新思路、新机遇、新动力、新未来，新建的鄯善侏罗纪博物馆更好地保护与展示了珍贵历史文物，大力推动了本地旅游业和文化产业的发展。

图2-6-1　新疆鄯善化石村揭牌

一、地理位置

南湖化石村（图 2-6-2）位于新疆维吾尔自治区鄯善县，属鄯善县七克台镇管辖，位于七克台镇以西 7.5km 处，是一个以回民为主、多民族共同居住的村落。村民主要经济来源是奇石销售，以种植业、养殖业、特色餐饮业为主，村域面积 15km²。南湖村紧邻 G312 国道，距鄯善县 26km，距吐哈高铁站 18km，距乌鲁木齐市 300km，交通便利。

图 2-6-2　鄯善县七克台镇南湖村

村域周边旅游资源丰富，有海市蜃楼、赤亭、恐龙谷、沙尔湖等旅游景点，重点打造鄯东乡村特色旅游经济圈。南湖村及周边地区矿产资源和古生物资源极其丰富：南湖村以东是著名的沙尔湖矿区及奇石、硅化木和玛瑙产地，属于典型的雅丹地貌；南湖村以南的黑戈壁是七彩玉石和风凌石的重要产地。村民多以收集、售卖奇石为生。2003 年，南湖村被中国观赏石协会授予"新疆奇石第一村"的美名。

二、重要化石资源

鄯善县古生物化石资源十分丰富，主要分布在七克台镇，而南湖村及其周边地区就是这些化石的重要产地。自 20 世纪 70 年代起，国内外专家、学者先后发现白垩纪"鄯善龙""嘉峪龙"及侏罗纪"中日蝴蝶龙"等一批重要的恐龙化石，拉开了吐鲁番地区恐龙化石研究的序幕。20世纪90年代，中国石油天然气股份有限公司吐哈油田分公司指挥部在吐鲁番地区开展油气资源调查和开发，获得了较多的古生物化石材料。21世纪以来，更多珍贵的古生物化石标本相继在鄯善"现身"，同时，该地发现了我国迄今最大的侏罗纪恐龙——鄯善新疆巨龙（图2-6-3）。该地是目前世界上规模最大的侏罗纪恐龙足迹群和大型侏罗纪龟化石群的产地。

图2-6-3　鄯善新疆巨龙发掘地（据 Wu et al.，2013）

1. 鄯善新疆巨龙——迄今中国最大的侏罗纪恐龙

鄯善新疆巨龙产于新疆维吾尔自治区鄯善县七克台镇（图2-6-4）距今1.65亿年的中侏罗世砂岩地层中，属于植食性的蜥脚类恐龙。2009—2010年由孙革教授率领的中德新疆地质工作站科考队在鄯善七克台以南的戈壁滩上发现了这一巨型恐龙化石点。2011—2012年经国土资源部批准，孙革教授率领由吉林大学、沈阳师范大学、新疆维吾尔自治区地质调查院共同组成的科考队对这一化石点进行了大规模的发掘（图2-6-5），我国著名恐龙学家董枝明教授、徐星教授等亲临现场指导。科考队通过近两年的努力，发掘了这一巨型恐龙化石近于完整的化石骨架。该恐龙形体巨大，长32～35m、体重约30t，它刷新了我国侏罗纪大型恐龙的纪录。古生物学家将这一巨型蜥脚类恐龙命名为"鄯善新疆巨龙"。

鄯善新疆巨龙化石保存较好，已发现的骨骼中有2枚颈椎、完整的12枚背椎和5枚荐椎、完整的腰带和后肢（包括长约2m的股骨、完整的胫骨和腓骨），以及1节尾椎等。该化石是我国迄今保存最完整的大型蜥脚类恐龙骨架（图2-6-6）。

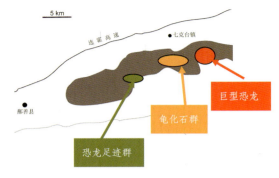

图 2-6-4　鄯善新疆巨龙的地理位置（右：示意图）

图 2-6-5　鄯善新疆巨龙发掘团队

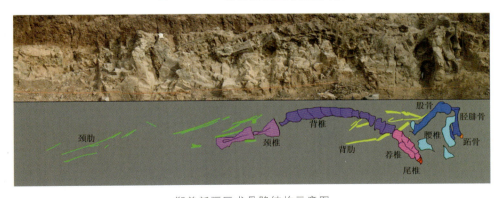

鄯善新疆巨龙骨骼结构示意图

图 2-6-6　鄯善新疆巨龙复原图

为庆祝"鄯善新疆巨龙"正式命名，2013年10月10日在鄯善七克台化石产地隆重召开了"鄯善新疆巨龙"命名仪式，暨恐龙化石保护现场会（图2-6-7），同时举行了"鄯善新疆巨龙"新闻发布会。"鄯善新疆巨龙"化石的发现及化石保护工作得到了各级政府、社会团体及国内外科学家的关心与支持。

图2-6-7 鄯善新疆巨龙命名仪式

在新疆巨龙化石发掘过程中，有关专家还发现许多伴生生物化石（图2-6-8），如瓣鳃类、鱼类、龟类和肉食性恐龙牙齿等化石。这些发现表明，鄯善地区在距今约1.6亿年的侏罗纪时期可能曾是湖泊密布、水源丰富的环境，此间森林茂密，气候多温暖湿润，非常适合动植物的生存，陆上的恐龙、水陆两栖的龟类、水中的鱼类，以及陆上的植被，构成一套完整的生物链，呈现一派生机盎然的景象。

2. 世界规模最大的侏罗纪恐龙足迹群

2007—2008年由我国古生物学家孙革教授率领的中德古生物与地质联合实验室和中德新疆地质工作站科考队，在鄯善县以东约20km、七克台以南的戈壁滩，首次发现世界规模最大的侏罗纪恐龙足迹群。该足迹群产于距今约1.65亿年的中侏罗统三间房组，已发现恐龙足印155个，分布长100余米，产恐龙足迹的岩层主露头高3m、长30余米，蔚为壮观（图2-6-9）。已发现的恐龙足迹密集，呈不规则排列，类型不少于两种，均为三趾型，均属肉食性的兽脚类恐龙。据恐龙学家董枝明分析，这些兽脚类恐龙的身长可能有5～6m，体重可达1.5t以上。

图 2-6-8 与鄯善新疆巨龙伴生的其他动物化石
A. 兽脚类恐龙牙齿化石;B. 蜥脚类恐龙牙齿化石;C. 瓣鳃类化石;D. 鱼鳞化石

图 2-6-9 世界规模最大的侏罗纪恐龙足迹群——鄯善恐龙足迹群

— 69 —

此次大型侏罗纪恐龙足迹群的发现，填补了新疆恐龙足迹研究的空白，对深入研究一亿六千多万年前我国新疆地区以恐龙为代表的生物群组成及古地理和古气候环境等具有重要意义。这一重要发现于 2007 年 9 月发表于 *Global Geology* 上。2008 年 4 月 10 日，吉林大学、新疆维吾尔自治区地质矿产勘查开发局和鄯善县人民政府等在鄯善县举行新闻发布会，正式向社会各界宣布了这一重大发现。中外近百家新闻媒体报道了这一重大发现，在国内外产生了广泛影响。

3. 鄯善大型侏罗纪龟化石群

2010—2012 年由孙革教授率领的中德古生物科考队的专家们在鄯善县七克台以南、恐龙足迹点东北约 3km 的中侏罗世（距今约 1.65 亿年）砂岩中（图 2-6-10），发现大量龟类化石（新疆龟类）（图 2-6-11），其数量丰富且保存密集，其中最完整的龟壳长约 20cm，与现在淡水龟的龟壳相似。科学家认为，这种密集保存很可能是因当时季节性的干旱使龟群聚于水源地而形成的。该化石所展示的新疆龟类化石动物群的古生态环境可能与现今南美洲委内瑞拉或澳大利亚穆瑞河龟动物群所处的环境相似。

图 2-6-10 现场考察恐龙足迹群的国内外专家合影

图 2-6-11 鄯善侏罗纪龟类化石

三、化石村建设

自2008年起，鄯善县人民政府高度重视古生物遗迹化石的保护工作，根据国家《古生物化石保护条例》等文件，在自治区自然资源厅及吐鲁番地区行政公署的指导下，制订了鄯善县古生物化石保护规划，投入了大量的人力、物力，切实开展以恐龙化石为代表的化石保护工作。在发掘现场安排专人24h对恐龙足迹化石加以看护，严格管控恐龙足迹化石参观采访审批程序，未经允许谢绝任何形式的参观，更不得随意对现场进行开挖等；在恐龙足迹化石区域外围设置3km长铁丝栅栏进行保护，并投资修建了鄯善县城至恐龙足迹化石保护区的柏油路，对已发掘的恐龙化石现场进行加固，并修建了彩钢棚进行保护。

2015年9月16日，来自国土资源部地质环境司、国家古生物化石保护专家委员会办公室及全国12个省市的古生物化石保护专家、学者等百余人共同见证了新疆鄯善七克台镇南湖化石村揭牌，这也是新疆地方成立的首个化石村。鄯善县自成立新疆首个化石村以来，受到各级政府部门的高度关注和大力支持，围绕其珍贵化石资源的保护管理和创新开发利用开展了大量工作。在国家古生物化石专家的指导下,明确了鄯善县化石村总体发展思路——"五个一"工程。其中,一村一馆——化石科普馆,一村一站——化石保护站,一村一品——化石文化品牌,一村一游——化石产地旅游,一村一乐——化石村农家乐,不断深入推进化石村打造和相关产业的发展。

目前,围绕化石村"五个一"工程,南湖化石村已完成"一村一站"和"一村一品"的建设工作。2015年鄯善县挂牌成立了鄯善七克台镇南湖村化石保护站,同时成立了鄯善古生物化石保护研究中心,在国家古生物化石专家委员会办公室的推动下,2015年9月,在新疆鄯善启动了由国家古生物化石保护领导、专家组成的丝绸之路化石科考活动(图2-6-12),积极推动新疆鄯善丝绸之路上的化石资源调查、化石遗址保护和研究,极力打造丝绸之路最美化石村品牌。

图2-6-12 新疆鄯善化石村科考启动仪式

四、下一步规划与展望

按照化石村建设"五个一"工程思路,坚持"保护是基础、科研是潜力、开发是发展"的原则,推动化石保护、科学研究、科普宣传和旅游文化更好地结合,继续推进化石村建设。一是开展以地质遗迹调查为主的古生物化石资源调查;二是响应化石村"五个一"工程建设,落实"一村一馆"工程,筹建以地质古生物类博物馆为主的古生物化石保护工程;三是开展以重点古生物化石抢救性发掘(保护)及征集重要流失化石为主的化石收集和展示工程；四是修建护栏、科考便道、视频监控系统及相关配套工程的重点遗迹保护工程；五是开展古生物化石科普宣传与科学研究。

——依托鄯善古生物化石保护研究中心，大力支持国内外专家来鄯善开展科学考察和学术研究，努力为吐鲁番地区乃至新疆古生物化石保护研究搭建学术平台，打造新疆古生物化石科研基地。

——承担引领现代文化、普及科学知识、提高全民科学素质的责任，把鄯善博物馆和七克台南湖化石村建设成为鄯善县重要的科普教育阵地。

——积极推动化石村"一村一游"工程打造，围绕丰富的古生物化石资源，将鄯善古生物化石以及特有的自然风光、人文历史、民族风情融为一体，打造鄯善旅游文化新亮点。

通过以上工程的逐步推进，鄯善侏罗纪博物馆（图2-6-13）和七克台镇南湖化石村会成为鄯善县重要的科普教育阵地和对外交流的窗口，同时鄯善侏罗纪博物馆也将成为鄯善县又一城市名片。

图2-6-13　鄯善侏罗纪博物馆效果图

第七篇　天津市蓟州区铁岭子化石村

——探寻生命的起源

天津市蓟州区罗庄子镇铁岭子村是我国第一个国家级地质遗迹类自然保护区——天津市蓟县中新元古界地质剖面国家自然保护区核心区的一部分。2015年12月，在国家古生物化石专家委员会的指导下，铁岭子村以叠层石化石资源保护为目的，以叠层石科普宣传为抓手，挂牌成立全国第7个化石村（图2-7-1）和化石保护站。天津市蓟州区罗庄子镇"蓟县铁岭子地层古生物化石村"的建立，既是天津市古生物化石专家委员会践行"绿水青山就是金山银山"发展理念，助力铁岭子村由"破坏山体，挖山求财"向"恢复山体，养山致富"经济转型的开始，又是秉持科普与创新两翼发展的精神，积极推进古生物化石资源保护，宣传化石文化的重要场所。

图2-7-1　2015年12月蓟县铁岭子地层古生物化石村揭牌

一、地理位置

蓟州区位于天津市最北部,南距天津市97km、天津滨海国际机场106km,西距北京市85km、首都机场68km,东距河北省唐山市90km,位于京津唐之腹心,地理位置优越,交通便利(图2-7-2)。铁岭子村位于天津市蓟州区北部山区的罗庄子镇南部,东临兴隆堡村,西接津围公路,南邻夏庄子村,北邻南车道峪村,村庄三面环山(图2-7-3),南距蓟州区北环路仅3.5km。

图2-7-2 铁岭子村地理位置示意图

图2-7-3 铁岭子村自然风貌图

铁岭子村地处府君山向斜核部，由于特殊的构造位置，区域地层呈"人"字形展布，主要为中元古界蓟县系雾迷山组、洪水庄组、铁岭组及待建系下马岭组。村界范围内地层由村西北部铁岭组和村东南部下马岭组组成。地势总体北高南低，属丘陵区，高程在90~290m之间，最高点位于村北部山脊地表水分水岭一带，海拔290m，沟谷多被乔木、低矮灌木林及草本植物覆盖，坡度多为20°~35°，北部由于历史采矿活动改变了已有的地形地貌，形成大量陡坎、陡崖。

铁岭子村共有村民36户、126人，全村耕地面积52亩，山地面积3056亩，各类果树1.22万株（截至2021年底）。2008年以前，村庄主要经济来源为矿产资源开采，是远近闻名的富裕村。随着资源的减少和受国家政策的影响，村中的采矿业已经全部停业，目前村民的主要经济来源是果品收入和外出务工收入。2020年村民人均可支配收入18 600元，村集体经营性收入18万元。

二、重要化石资源

天津市蓟州区罗庄子镇铁岭子村以出露类型齐全、形态丰富的叠层石为特色。通过科学研究，铁岭子村叠层石产出地层层位是中元古界蓟县系铁岭组，出露厚度110m以上，在国内同类中属罕见。铁岭叠层石岩石类型主要为白云质灰岩，少量灰质白云岩。铁岭叠层石组合为蓟县叠层石第Ⅳ组合，以彼此间界线明显的分叉穹状叠层石柱体为主，如阿纳巴尔叠层石群、贝加尔叠层石群、蓟县叠层石群、假铁岭叠层石群、铁岭叠层石群、墙叠层石群，少量层状叠层石。叠层石组合由下至上呈现出柱体由细变粗、再由粗变细的规律。上部叠层石以含有明显海绿石包裹物及较明显的鞘为特征，下部叠层石以含硅质结核和多具参差不齐的檐为特征。

铁岭组叠层石形成于距今14亿年的中元古代晚期，早于辽南系叠层石的新元古代。近年来研究团队在铁岭子村西铁岭组二段中部的贝加尔叠层石（相似形）暗纹层或者暗纹层附近的亮纹层内发现蓝细菌微化石4属4种，以丝状蓝细菌占绝对优势，含少量管状胶鞘，球状蓝细菌3种类型微化石均可见细胞分裂特征（图2-7-4），记录了最早期的原核生物——蓝细菌的面貌，具有较高的科研价值，也是理想的叠层石科普场所。

图2-7-4 铁岭子地层古生物化石村重要化石照片

三、化石村建设

铁岭子地层古生物化石村自挂牌成立以来,严格按照"五个一"工程要求,深度挖掘地质科学和文化,并将其与乡村发展相融合,发展特色产业和经济,提升乡村文化内涵,把乡村改造、自然资源利用、地质文化凸显、周边环境改善融为一体进行系统规划，分阶段部署，逐步落实，稳步推进化石村建设。

一是建成蓟县铁岭子地层古生物化石村展览馆。在天津市规划和自然资源局专家的组织下，铁岭子村党群服务中心新建铁岭叠层石组合展览馆1处（图2-7-5），共展出叠层石61件，其中采集叠层石原生标本25件，艺术加工品36件，以"实物＋解说牌"相结合的形式，向公众科普叠层石的类型和典型特征。

图2-7-5 化石村简易展览馆

二是建立化石保护站。铁岭子村曾靠山吃山，以开采石材为生，严重破坏叠层石地貌。为保护这些叠层石，2008年有关部门紧急关停了采石场，2019年建立了铁岭子村化石保护站，地质专业技术人员利用"世界地球日"等活动，以宣传折页、科普视频、科普展板（图2-7-6）等形式，向村民科普叠层石的知识，鼓励村民积极参与叠层石保护与科普宣传工作，倡导保护地球、保护珍贵自然资源。

图2-7-6 化石村叠层石科普展板

三是开展叠层石产地科普游。在叠层石出露最好、接触关系最清楚、形态特征最丰富的七沙沟建设科普游览步道（图2-7-7），步道旁设置典型地质科普解说牌，寓教于游，使游客在爬山锻炼的过程中，驻足小憩，增长知识。

图2-7-7 叠层石典型剖面科普游览步道起点

四是发展精品民宿农家乐（图2-7-8）。利用叠层石化石资源特色，当地村民丁利带头在村里发展高端民宿，经过几年的发展，铁岭子村成功打造了连片精品农家院，受到外地游客青睐，开辟了一条从开山求财到守山致富的新发展之路。

2020年的十一黄金周，铁岭子村游客爆满，仅8天收入就达到10万元。铁岭子村的经济转型已初见规模。经过几年的发展，铁岭子村打造连片精品农家院，矿山绿了，铁岭子村的产业兴旺了，从卖矿石到卖矿石中的文化，从挖山求财到养山致富，重新解读了"靠山吃饭"、更多"绿水青山就是金山银山"的故事在这里续写。铁岭子村的发展转型，为转化科学技术扶持地方经济，实现特色资源特色利用，服务天津高质量发展提供了有益借鉴。

铁岭子化石村依托地质资源禀赋，再造"绿水青山"，重塑"金山银山"，走生态文明之路，融入蓟州区全域旅游发展潮流的高质量发展模式，被天津新闻频道（图2-7-9）、《天津日报》（图2-7-10）、新华社（图2-7-11）、天津支部生活公众号等媒体分别报道，入选天津市全域科普十大典型案例（图2-7-12）。

图 2-7-8 叠层石文化精品民宿

图 2-7-9 铁岭子化石村被天津新闻频道报道

图2-7-10 铁岭子化石村的致富路被《天津日报》报道

全球连线｜中国"化石村"新生记

2021-09-26 21:29:11　　　　浏览量：103.5万
来源：新华社

 全球连线　　　　　　　查看详情 >

天津市蓟州区罗庄子镇铁岭子村四面环山，在20世纪80年代，这里是中国北方的"建材厂"，开采山石是所有村民的营生。2008年，出于对当地自然环境的保护，铁岭子村关停所有矿厂，开始探索乡村发展的新路径。后经专家鉴定，这里的山体蕴藏着丰富的叠层石化石。2019年，铁岭子村被认定为中国第20个"化石村"。

图2-7-11 铁岭子化石村的新生记被新华社报道

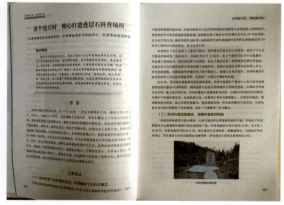

图2-7-12 铁岭子化石村入选天津市全域科普十大典型案例

四、下一步规划与展望

在"十四五"期间,铁岭子化石村入选天津市 100 个乡村振兴示范村,以化石文化为发展底色,推动全域科普纵深发展,积极服务全域旅游。未来将利用原矿山开采面建设落差,建设飞航运动生态公园(图 2-7-13),与精品民宿互相引流,着力将铁岭子村打造为"以化石文化为底色的新型美丽乡村"。

图 2-7-13　飞航运动生态公园规划建设图

第八篇　四川射洪王家沟化石村

——西南地区最大规模硅化木产地

四川省射洪市王家沟化石村是四川射洪硅化木国家地质公园的核心区,是第二批国家重点古生物化石产地之一,是硅化木化石的集中产区。2016年3月,在国家古生物化石专家委员会的支持下,该村举行了化石村揭牌仪式(图2-8-1),这是四川省第二个、遂宁市第一个"化石村"。"十三五"期间,王家沟化石村在遂宁市、射洪市人民政府的领导下,严格做好化石保护工作,积极推动化石村建设,努力践行乡村振兴,乡村基础设施逐步完善,经济快速发展。2019年11月18日,射洪市正式撤县建市。

图2-8-1　射洪王家沟古生物化石村及化石保护站揭牌仪式

一、地理位置

王家沟化石村位于射洪市明星镇龙凤社区辖内,距镇中心及市区分别约3km和

35km，有公路相通，向南约7km可直达G42成南高速公路入口和G350国道；距成都市136km，距重庆市140km，距绵阳市130km，距遂宁市30km，与上述周边中心城市仅1~2h车程。

王家沟村为中丘地貌，多中宽谷，谷坡较缓，海拔在300~500m之间。村内植被茂密，森林覆盖率达42%，雨量充沛，日照充足，生态环境优良；地质旅游资源丰富，含有峡谷地貌和丰富的古生物化石，是四川射洪硅化木国家地质公园、侏罗纪AAAA级旅游区所在地，更是射洪市的旅游名片（图2-8-2）。

图2-8-2 四川射洪王家沟村自然风光

二、重要化石资源

迄今为止，射洪硅化木国家地质公园内共发现硅化木产地20余处、硅化木570余棵，是我国西南地区规模最大、保存最完好的原生侏罗纪硅化木化石群。尤其是王家沟硅化木特异埋藏群落最为出名，在1300m²出露地层剖面中，共计发掘出大大小小、形态各异的木化石56棵，其分布密度极为罕见（图2-8-3）。经专家研究鉴定，该处化石产出层位为上侏罗统蓬莱镇组的下段，主要为掌鳞杉科的短木属（*Brachyoxylon*）及南洋杉类贝壳杉型木属（*Agathoxylon*）两大类型。

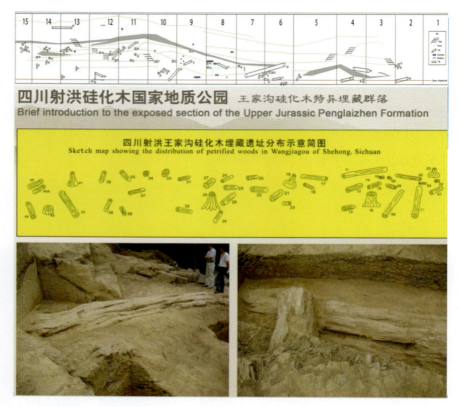

图 2-8-3　王家沟硅化木埋藏遗址在空间和垂向上的展布示意图

王家沟硅化木化石产出状态以树干最多，树桩仅 3 块。化石出露长度不一，最长可超 10m；化石断面直径多在 20～70cm 之间，最粗直径达 1.5m。树干化石产状各异，但同一化石层内倾向基本一致，倾角多数小于 30°。化石断面参差不齐，呈板状、半圆状或不规则圆形状；表面多呈浅褐黄色、灰白色，纹理清晰，质地坚硬，年轮宽窄可辨。王家沟村是射洪地区分布最为集中、最为典型的一处木化石产地，也是最具科研和观赏价值的木化石埋藏遗址，它不仅保存了 1.5 亿年前植物的细胞结构和生物结构，而且可利用硅化木恢复当时地球植被的面貌，是重建地质时期古地理、古气候变化的有效钥匙，是研究四川盆地侏罗纪古地理格局、古生态环境变迁与相关重大地质事件活动等重要地学理论问题的十分难得的化石证据。王家沟硅化木特异埋藏群被古生物及地质研究专家誉为"记载地质历史的万卷书"。

关于射洪硅化木研究成果的 20 余篇论文先后发表在 *Episodes*、*Paleo-3*、《古生物学报》《微体古生物学报》等国内外著名刊物上。该研究成果还在第八届国际侏罗系大会（图 2-8-4、图 2-8-5）、中国古生物学会第十届学术年会等国内外大会上得到展示，吸引了大批国内外专家实地勘查研究（图 2-8-6，图 2-8-7）。

图2-8-4 第八届国际侏罗系大会于2010年8月在射洪县召开

图2-8-5 射洪硅化木在第八届国际侏罗系大会上展示的相关成果

图 2-8-6　为庆祝首个中国农民丰收节，中国科学院院士周忠和(左八)考察王家沟化石村

图 2-8-7　世界地质公园网络执行局主席尼古拉斯·邹若思到化石村考察研究

三、化石村建设

王家沟化石村自2016年成立以来，遂宁市和射洪市各级政府部门持续高度专注，出台了一系列发展建设规划，积极利用化石资源优势带动乡村振兴。王家沟化石村的发展建设以政府支持、专家指导、企业助力和社会参与为原则，以"五个一"工程为蓝本进行，即建立化石科普馆、化石保护站、化石文化品牌、化石产地旅游和化石村农家乐，实现化石保护与科普和化石村文化、旅游、经济的共赢发展，取得了丰硕的成果。

一是在王家沟硅化木集中出露点新建了两座硅化木原位埋藏展示厅（图2-8-8），共集中出露硅化木19棵，是游客近距离观赏了解硅化木的理想地。

图2-8-8 硅化木原位埋藏展示厅

二是建立了王家沟化石保护站，由射洪市人民政府主管，射洪市自然资源与规划局负责实施，设立专门队伍负责化石保护工作，大力宣传普及化石保护法律法规，开展硅化木化石全面普查，有效实现了化石保护站的保护管理功能。

三是常年组织开展"爱心科普教育""科普旅游一日游""踏青游学节""地球日"等系列活动，受众群体近38万人次，组织科普讲座、培训15次，参加人数1000人次以上，并先后通过中央、省、市、县各大媒体宣传报道10余次，制作科普宣传光碟1万余张。尤其是在2013年10月，中央电视台《北纬30°·中国行》栏目组专门拍摄了射洪硅化木化石、地质博物馆和木化石埋藏遗址馆等电视专题片（图2-8-9），并在中央电视台播映，该化石村得到了国内外观众的极大关注。2016年12月，以王家沟化石村为核心区的射洪硅化木产地成功申报第二批国家级重点保护古生物化石集中产地，结合射洪硅化木国家地质公园，王家沟化石村文化品牌得到进一步彰显。

图 2-8-9　中央电视台拍摄的射洪硅化木国家地质公园专题节目

四是引进四川龙骧旅游管理有限责任公司投资 6000 万元，对现有景区提档升级：新增 50 余个高仿真恐龙模型（图 2-8-10）、扩建"天下第一木"景观及硅化木林（图 2-8-11），打造集科研科普、旅游观赏、休闲度假于一体的旅游目的地。

图 2-8-10　高仿真恐龙模型

图 2-8-11　硅化木林

五是对景区周围进行统筹规划，政府出资修建完善公路、广场等公共设施，并引导鼓励周边居民打造特色农家乐，建立特色农产品商店，将其打造成射洪市的旅游名片。

实践出真知，以往的实践经验充分证明，王家沟化石村依靠得天独厚的化石资源优势，结合乡村振兴战略，打造特有的化石文化特色旅游，能够带动周边餐饮业、住宿业、农产品售卖业的快速发展。相比几年前，村庄的水电、公路、广场等基础设施更加完善，居民收入水平明显提高。成立的化石村既起到了保护化石资源和科普宣传的功能，又发挥了旅游价值，把化石保护、旅游开发和乡村振兴有机结合起来，真正实现了双赢。

四、下一步规划与展望

2018年国务院印发的《乡村振兴战略规划（2018—2022年）》，以习近平总书记关于"三农"工作的重要论述为指导，要求全面推进乡村振兴；2021年国家"十四五"规划提出"坚持农业农村优先发展　全面推进乡村振兴"。射洪市王家沟化石村将严格贯彻落实国家乡村振兴战略，进一步推进化石村建设及特色旅游发展。

在化石村建设方面，立足化石村发展，地方政府将继续与各科研单位及专家开展深入合作，携手打造王家沟化石村"化石科普＋乡村旅游""地学旅游＋文化旅游"的特色经济发展模式。当地政府已出台一系列相关规划，通过招商引资、挖掘自身潜力，开辟地质服务乡村的新途径，促进地方社会经济绿色健康发展。

在化石保护管理方面，继续深入做好化石普查工作，建立"遂宁化石产地古生物化石标本数据库"，编辑出版《重点保护化石产地年报》，逐步完善化石村及产地保护。

在打造特色旅游、实现乡村振兴方面，近期以硅化木国家地质公园、化石村为基础，完善配套设施建设，建成具有地域特色的科普旅游目的地；远期将通过境内的沪蓉高速、成渝环线高速、成达铁路等交通干线串联起化石村、中国死海、宋代卓筒井遗址、徐氏彩泥塑、沱牌产业园、宋瓷博物馆、陈子昂读书台等景观景点，打造兼有地学旅游、文化旅游的科考专线。

第九篇 黑龙江青冈英贤化石村

——冰河时代猛犸象化石生物群研学基地

1958年,青冈首次发现猛犸象化石,经^{14}C测定,化石年龄约为4万年。1988年9月14日,在英贤村刘李屯南沟,距地表5m多深的一个大沟中,又发现了大量的古生物化石,包括猛犸象、披毛犀、东北野牛等化石。此后,该地先后出土第四纪古生物化石十几万件,青冈全县15个乡镇22条小河流域均有化石出土,涉及猛犸象、披毛犀、普氏野马等40余个种类,种类之多,全国罕见。

2016年11月,在国家古生物化石专家委员会的指导下,国家古生物化石专家委员会授予青冈县德胜镇英贤村为"英贤化石村"(图2-9-1)。2017年2月,猛犸象化石被列入中国国家自然遗产预备名录(第二批)。2017年10月,青冈县获批黑龙江省省级地质公园资格,为2017年度黑龙江省唯一获批的县市。2017年12月,青冈县启动国家级地质公园申报,2018年2月,国土资源部发布公告,青冈县被授予国家地质公园资格,英贤村作为青冈县猛犸象化石的重要出土地,获得国家级地质公园的建设资格。

图2-9-1 英贤化石村

一、地理位置

英贤化石村是黑龙江青冈猛犸象国家地质公园的重要组成部分，地处黑龙江省中南部，位于绥化市青冈县东北部德胜镇内；处于松嫩平原腹地，海拔176m，属于温带大陆性季风气候。松嫩平原主要由嫩江和松花江及其支流冲积而成，地势低平，区域内形成不少大小不一的湖泊、洼地和碱湖（图2-9-2）。地带性土壤以典型黑钙土、碳酸盐黑钙土为主。英贤村距哈尔滨市130km，距县城28km，辖10个自然屯，有农户1088户、3279人（截至2021年底），耕地总面积25 451亩，林地面积1340亩。

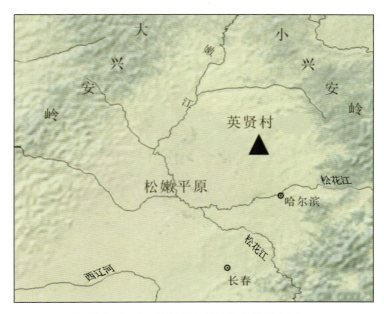

图2-9-2 英贤化石村地理位置示意图

英贤化石村积极开展生态文明建设，着力培育地域特色产业，发展旅游产业，让作为文化古迹的英贤化石村古生物化石成为特色文化品牌（图2-9-3），同时英贤村着力创建现代化农业示范村屯，先后获得美丽宜居乡村、旅游乡村等荣誉称号。

二、重要化石资源

英贤化石村产出化石为典型的晚更新世哺乳动物化石，经^{14}C测定，化石年龄约为4万年。2015年，黑龙江省区域地质调查所和中国科学院古脊椎动物与古人类研究所合作，在化石产出比较集中的青冈县德胜镇英贤村开展了系统的古生物野外调查、发掘与古

图 2-9-3 研学基地鸟瞰图

环境研究工作，通过野外发掘和采样得到上千件哺乳动物化石，包括不少保存完整的头骨和头后骨骼标本，典型的种类有猛犸象（图 2-9-4）、披毛犀（图 2-9-5）、普氏野马、王氏水牛、东北野牛（图 2-9-6）、普氏羚羊、河套大角鹿、狼、斑鬣狗等。这些种类都是我国东北地区晚更新世猛犸象-披毛犀动物群的典型代表，化石的地质学术价值得到了专家们的高度认可。同时英贤化石村也是研究晚更新世大型哺乳动物生存环境及消亡过程的最理想区域。

图 2-9-4 猛犸象下颌骨化石

图 2-9-5 披毛犀化石整体骨架

中国科学院专家组经过研究确立了青冈化石重要的学术价值及地位，确立了"青冈是最有可能揭示谜底的地方，在世界同类同时期动物群记录中首屈一指、在世界范围内亦属罕见，是猛犸象在欧亚大陆上最后的演化中心，是这一史前巨兽的最后乐园"等的世界性地位。青冈猛犸象化石（图 2-9-7）曾作为黑龙江省的代表性物品参加了北京大学 118 周年校庆，在校庆上举办了化石展。此外，在人民大会堂举行了"陆海丝绸之路"中国猛犸象故乡——青冈化石推介会暨申遗活动。英贤化石村被国家评为中国猛犸象故乡、国家级重点古生物化石集中产地、国家级地质公园，被列入中国国家自然遗产预备名录。

图 2-9-6 东北野牛头骨化石

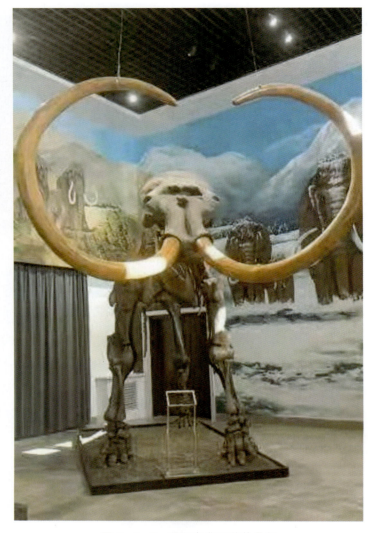

图 2-9-7 猛犸象化石整体骨架

三、化石村建设

黑龙江各级政府部门对英贤化石村保持高度关注并给予了支持,重点打造"一村一室一站"。"一村"即将德胜镇英贤村更名为英贤化石村;"一室"即在英贤化石村建设 300m² 的化石陈列展室,展出各类化石 500 件;"一站"即在化石保护核心区设立古生物化石产地保护站。

同时,为了保护化石村珍贵的自然资源,青冈县成立了青冈猛犸象古生物化石保护中心(图 2-9-8),管理全县的化石工作,保护中心以化石村为核心将散落民间的化石进行统一收藏保管,并建立了专业的化石保护中心储藏室,已收藏猛犸象、披毛犀、东北野牛、普氏野马、恰克图转角羚羊、北亚巨虎等各类化石2232件，其他散落民间的化石及新出土的化石正在陆续入库中。

图 2-9-8　冬季的青冈猛犸象古生物化石保护中心

自2018年以来，英贤村党支部抓住猛犸象化石旅游产业的有利契机，积极谋划符合当地的特色产业项目，先后引进了春华板厂、铁骑力士养猪场、蒲公英茶厂，形成"产业＋基地＋农户"的农业生产新链条，帮助贫困户增收，社会效益显著。同时，建设以保护猛犸象、披毛犀等第四纪古动物群化石为主，以地层剖面及构造形迹为地学依托，兼有湿地和风景河段等地质遗迹资源的地质公园（图2-9-9、图2-9-10），公园占地面积23.58km^2。园区内地质遗迹包含古生物、地质剖面、地质构造、水体景观四大类，其中以古脊椎动物化石为主。

图 2-9-9　猛犸象国家地质公园大门

图 2-9-10　猛犸象牙雕塑

2019 年，英贤化石村依托猛犸象化石的特色和优势召开了专题会议，研究扩建党建活动与化石陈列及群众活动、卫生室为一体的多功能办公场所等事项，同时黑龙江省审计厅驻村办及青冈县委组织部也投入资金，打造了 100m² 高标准党建活动室及 100m² 的群众活动室（图 2-9-11）。

图 2-9-11　化石村党员群众服务中心外景

黑龙江省驻村工作队的加入使村党组织阵地作用得到进一步发挥，凝聚力、战斗力得到全面提升，有效促进了基层党组织建设。近几年来，通过英贤村的努力，先后硬化道路 23km，加宽硬化道路 3km，道路硬化率 100%；铺设涵管 96 节，打造 2000m² 休闲广场 1 处，维修、新建住房 201 所和幸福大院 21 个。2022 年完成路灯 330 盏、栅栏 12 000m、排水沟 12 000m、广场 2 个等重要设施的安装建设工作，大力整治村容村貌。

英贤化石村初步建设成效显著，村庄生态环境更加优良，道路、交通、水电设施也更加完善，村民收入显著提高，村庄在区域发展的重要地位也日益彰显。2021年，黑龙江省文化和旅游厅、黑龙江省发展和改革委员会联合授予英贤化石村为"黑龙江省乡村旅游重点村"（图2-9-12）。

图2-9-12 英贤村获批"黑龙江省乡村旅游重点村"

四、下一步规划与展望

近年来，青冈县政府将猛犸象化石（图2-9-13、图2-9-14）上升为全县总体发展战略之一，以"中国猛犸象故乡"打造"百亿产业城、猛犸文化城、中医养生城"，建设哈尔滨、黑河、五大连池旅游节点城市。在英贤化石村建设的基础上，进一步发展才是硬道理，英贤化石村将按照县乡两级党委政府的总体要求、按照村级的整体规划一路向前，努力把英贤化石村建设得更加美好。

按照国家第十四个五年规划提出的"坚持农业农村优先发展 全面推进乡村振兴"要求，凸显英贤化石村的化石特色，深入拓展和全面发展其现代乡村富民产业，进一步落实休闲农业和乡村旅游精品工程建设工作。努力解决交通问题，拓宽道路，同时，只有从根本上解决环境治理这一长期问题，才能达到使化石村空气清新、环境优美、美丽宜居的目的。英贤化石村将以"保护第一、合理利用"为原则，充分利用猛犸象化石资源及其区位优势，以"让化石文化鲜活化""让化石文化产业化"为理念，通过治理生态环境，让化石文化与休闲旅游相结合，打造特色突出、主题鲜明的休闲、研学和乡村旅游精品，努力将英贤化石村建设成为以化石为特色的美丽乡村。

图 2-9-13 猛犸象雕塑群

图 2-9-14 中国猛犸象故乡——青冈猛犸象推介会

第十篇　重庆云阳老君化石村

——一个新的世界级恐龙化石集中埋藏地

重庆云阳恐龙化石群具有分布范围广、时间跨度大、种类丰富等特点，为世界级恐龙化石集中埋藏地，其新田沟组恐龙化石组合属于我国一个新的恐龙动物群。重庆市云阳县普安乡老君村于2017年5月被认领为"重庆云阳老君化石村"（图2-10-1），是重庆云阳恐龙化石群主要核心区，经发掘已形成一面长约150m、高8m的世界级侏罗纪原址单体化石墙（图2-10-2）。该化石村已成功申报创建重庆云阳恐龙国家地质公园，并于2020年3月被授予国家地质公园资格。该公园是以古生物化石类为主体，以地层剖面、地质构造和地貌景观为辅，集地质科考、科普教育、旅游观光于一体的地质公园。目前，该地质公园已基本完成基础设施建设，成为多个科研院所、高等学校的教学、实习、科研基地，通过多形式、多途径的化石保护宣传手段，在保护化石、服务产业、振兴乡村等方面起到了积极推动作用。

图2-10-1　2017年5月重庆云阳老君化石村认领仪式

图 2-10-2 原址单体化石墙局部

一、地理位置

重庆云阳老君化石村处于重庆市云阳县东南部，距离云阳县城仅 23km，地处成渝地区双城经济圈沿江城市带，紧邻长江南岸磨刀溪河畔，陆路以省道 S305、S407（龙普快速路）与外部相连，水路以中小型客货轮船直达县城，水陆交通便利。因化石村及周边"得天独厚"的恐龙化石资源，正在建设的江龙高速公路、万云奉巫江南高速公路均在周边设置出口，待公路建成后，化石村至高速公路出口仅需 10 分钟，至云阳县城仅需 30 分钟(图 2-10-3)。

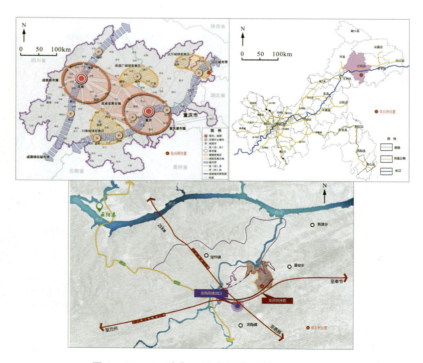

图 2-10-3 重庆云阳老君化石村区位交通图

重庆云阳老君化石村位于著名的重庆平行岭谷区的东南部,地处渝东褶皱带及湘鄂川黔隆起褶皱带之间的过渡地带,区域地势总体呈东南高、西北低,地形多山区,间有丘陵;山脉呈东南、西北走向,起伏不大,海拔190~1200m;村域内植物繁茂,天然林地、草地覆盖率达62.5%。化石村所处乡镇为云阳县农村移民安置四大乡镇之一,历史悠久,留下了众多的人文景观;村域内主要河流为长江一级支流磨刀溪,三峡水位上升后,村域内水域面积扩大,形成山水园林式的自然风光(图2-10-4)。

图2-10-4 重庆云阳老君化石村自然风光

二、重要化石资源

重庆云阳老君化石村化石资源丰富,呈多层位产出,化石露头走向长18.2km,分布范围约54km²,时代上横跨中侏罗世早期和晚期近1000万年,涵盖了脊索动物和软体动物两个门类,主要包括爬行纲、两栖纲、软骨鱼纲、硬骨鱼纲和双壳纲,具体为恐龙类(蜥脚型类、兽脚类、基干鸟臀类、鸟脚类、剑龙类)、蛇颈龙类、鳄形类、龟鳖类、鱼类、似哺乳类、迷齿两栖类、蚌类,共计5纲10目17科。

通过科学研究,老君化石村已发现恐龙化石9属,复原装架恐龙骨架8个,已命名了普安云阳龙(新属新种)、磨刀溪三峡龙(新属新种)、元始巴山龙(新属新种)、普贤峨眉龙(新种)等4个新属种(图2-10-5),其中磨刀溪三峡龙是新田沟组首次发现基干鸟臀类化石,元始巴山龙可能为亚洲最古老的剑龙。蛇颈龙类化石为云阳化石群当中一类特殊的化石,发现于中侏罗统新田沟组,与国内已经发现的蛇颈龙地层对比表明,该化石为国内新地点新层位发现的一种化石。

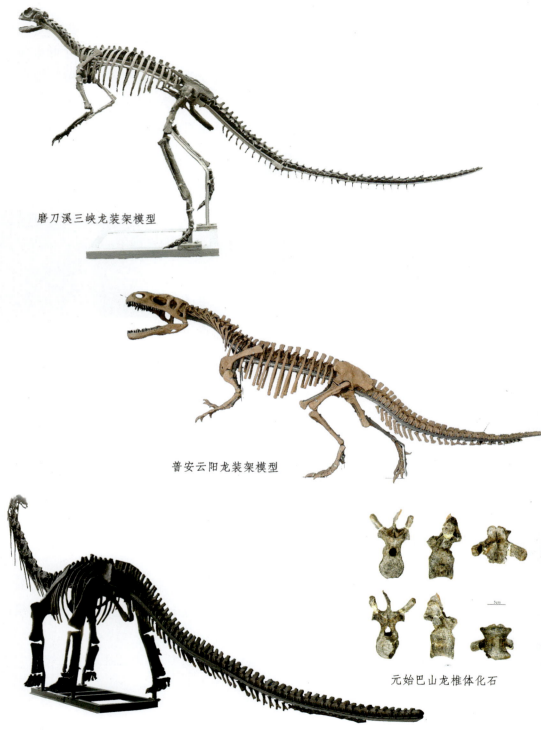

磨刀溪三峡龙装架模型

普安云阳龙装架模型

普贤峨眉龙装架模型

元始巴山龙椎体化石

图 2-10-5 不同类别化石及恐龙复原图

云阳恐龙化石自发现以来，先后被央视网、中国社会科学网、中台新网等多家媒体报道，引起社会各界的高度关注，起到了较好的古生物化石科普宣传作用。近年来，学者们重点开展了对恐龙分类学和埋藏地沉积环境的研究，已累计发表或投稿高水平研究论文 15 篇，出版专著 1 部，并多次受邀参加业内高水平的技术研讨会（图 2-10-6）。

第79届北美古脊椎动物学会年会

2020年中国地球科学联合学术年会

多家媒体报道

图 2-10-6　相关媒体报道及参加各类学术年会

三、化石村建设

2017年4月，在国家古生物化石专家委员会的指导下，重庆市地质矿产勘查开发局208水文地质工程地质队（古生物化石调查发掘、研究装架的主力军）与云阳县普安乡老君村就共建化石村达成协议（图2-10-7），中国科学院古脊椎动物与古人类研究所和重庆市地质调查院就云阳恐龙化石研究和保护利用签订战略合作协议，开启了云阳恐龙化石保护研究、研学旅游、文化产业发展助推乡村振兴的新篇章。

图 2-10-7　国家古生物化石专家委员会专家现场指导及签订战略协议

近年来，重庆市人民政府、重庆市规划和自然资源局、云阳县人民政府高度重视云阳恐龙化石资源的保护及利用，重庆市人民政府将云阳恐龙地质公园建设纳入市级统筹范围。2018年，云阳县人民政府成立了"恐龙化石科考研学院"及专门的日常管理机构，2021年，重庆市规划和自然资源局牵头创建的"川渝共建古生物与古环境协同演化重庆市重点实验室"正式挂牌，全面开启以古生物化石资源调查和保护为基础，以规划统筹科研、科普、保护和开发利用为原则，以化石村、科普教育基地、地质公园为抓手的化石资源保护与开发利用工作，助推地方旅游、文化、经济、社会的融合发展（图2-10-8）。

图2-10-8 研究中心、实习基地授牌及学生实习

2018年1月，云阳县人民政府通过全球招标，完成了恐龙地质公园总体规划编制，启动了"三馆三中心、三大整治三条路"一期建设："三馆"指遗址馆、博物馆、县城恐龙馆；"三中心"指游客中心、学术交流中心、研学中心；"三大整治"指郎家段岸线综合整治、丰河段岸线综合整治、居民点环境综合整治；"三条路"指遗址馆连接路、内部道路和对外连接路。目前，恐龙地质公园已基本完成侏罗纪时期植被复原、化石墙保护工程、遗址馆连接路路基工程，正在实施库岸及居民点环境综合整治以及游客中心停车场、龙普路连接道路、三馆、游客中心的建设等工程（图2-10-9、图2-10-10）。

图 2-10-9　著名古生物学家、恐龙研究奠基人董枝明（第二排左六）考察云阳恐龙化石产地

在完善基础设施的同时，川渝共建古生物与古环境协同演化重庆市重点实验室云阳研究中心持续开展对云阳恐龙动物群的基础研究，编制完成《云阳恐龙化石科学研究及成果转化应用五年计划（2021—2025 年）》，在利用恐龙化石研究新成果不断提升产地新恐龙动物群的学术地位及社会影响力的同时，深入挖掘本土化石文化，筑牢文化 IP 的根和魂，为打造恐龙文化阵地奠定基础。此外，建设了独特的知名研学营地，如原址化石墙及现场临时展览馆，并与多家高校联合成立了教学生产实习基地，定期进行古生物科普教育活动。

2020 年 3 月，重庆云阳恐龙地质公园被国家林业和草原局授予"重庆云阳恐龙国家地质公园"资格。市政府高度重视，将云阳恐龙保护及开发利用纳入"十四五"重点工作目标任务中，正逐步实施云阳恐龙化石资源的开发利用，一个全新的世界级恐龙化石集中埋藏产地和现代化的科学公园即将呈现在世人面前。

四、下一步规划与展望

综合考虑资源稀有性、科学性及特殊观赏性等因素，地方政府提出了以"五地支撑"作为总目标，即将打造国际恐龙学术交流高地、全国知名研学营地、国家 AAAAA

级景区旅游目的地、古巴蜀湖恐龙文化主要阵地、以 AI 恐龙为引领的产业基地；以"45810"为建设目标，即从 2021 年开始，4 年初步开放、5 年全部建成（图 2-10-10）、8 年形成品牌、10 年成为国际知名景点，将重庆云阳恐龙国家地质公园建设成为最生态、最文化、最科技的侏罗纪世界（中国）恐龙公园，打造世界恐龙之都。

图 2-10-10　遗址馆和博物馆建设效果图

第十一篇　吉林延吉理化化石村

——中国最东部的恐龙化石群

延吉市是吉林省东部的中心城市、中国优秀旅游城市、全国百强县之一，是吉林省东部的延边朝鲜族自治州的首府、中国唯一的朝鲜族聚居区，是全州政治、经济、文化中心，其城市架构、基础设施、经济规模、社会发展在州内均居领先地位。延吉龙山还是白垩纪恐龙化石群的重要发现地。2017年5月，在国家古生物化石专家委员会的倡导下，成立了吉林省首个古生物化石村级保护站——延吉理化化石村。

一、地理位置

延吉市位于吉林省东部、长白山脉北麓（图2-11-1）。地理坐标为北纬42°50′—43°23′，东经129°01′—129°48′。由于地处高纬度地带的山林盆地，故为大陆性气候。延吉市东、南、北三面环山，西面开阔，中间平坦，呈马蹄状盆地，平均海拔150m，地势北高南低，地形呈丘陵状起伏。境内河流皆为图们江支流，主要有布尔哈通河、烟集河和海兰江。区内土质主要为灰棕壤土、水稻土、冲积土、草甸土和黑土等。延吉有着得天独厚的自然条件和优越的地理位置，处于东北亚经济圈的腹地，是"金三角"内中国的一个支撑点。东部直距中俄边境仅60km，直距日本海80km；南部直距中朝边境10余千米，有着较好的通海条件。

图2-11-1　延吉理化化石村（化石点）区位示意图（引自金东淳等，2018）

二、重要化石资源

2016年5月，由延吉市奇石爱好者在市区龙山等多处发现动物骨骼化石，经国家古生物化石专家委员会和中国科学院古脊椎动物与古人类研究所多名专家审慎鉴定，认定这些可能是恐龙骨骼化石。2017年5月开始，中国科学院古脊椎动物与古人类研究所在此进行了4次野外考察和系统的科学发掘工作，在龙山剖面发现了18个化石点，分布于5个化石层上，采集到大量脊椎动物和无脊椎动物及植物化石。经初步鉴定，目前发现的脊椎动物化石包括蜥臀类恐龙当中的蜥脚类和兽脚类，鸟臀类恐龙当中的甲龙类和鸟脚类，以及鳄形类和龟鳖类等。另外采集到一些无脊椎动物化石和植物碎片化石。专家确认，延吉龙山恐龙动物群种类多样，包含6种以上恐龙化石，2种鳄类化石，2种龟鳖类化石。该动物群生存时代为白垩纪恐龙演化的过渡时期，时间为0.9~1亿年前，这个时期国内外所发现的化石记录相对贫乏，因此龙山恐龙动物群的发现可以为这方面的研究提供很好的科学依据。此外，从化石组合来看，它们多为蜥脚类恐龙化石（图2-11-2）和鳄类化石，其中鳄类化石首次在我国东北地区白垩纪地层中被发现。延吉位于西伯利亚板块与华夏板块交界处，是我国发现的地理位置最靠东部的恐龙化石点，延吉恐龙的发现为研究各个生物门类的演化提供了重要信息，填补了两个板块交界区域对恐龙研究的空白。

图2-11-2 吉林延吉典型恐龙及牙齿化石与埋藏的恐龙骨骼化石

三、化石村建设

1. 一村一站

2017年5月，在国家古生物化石专家委员会的领导下，以及吉林省国土资源厅和延边朝鲜自治州国土资源局的具体指导下，中国科学院古脊椎动物与古人类研究所和延吉市国土资源局联合对龙山恐龙化石进行发掘（图2-11-3）。在多方科研机构的建议和支持下，成立了吉林省首个古生物化石村级保护站，并与中国科学院古脊椎动物与古人类研究所联合成立了延吉古生物化石保护研究中心。

图2-11-3 化石现场发掘及研究

2. 一村一馆

化石村的建设得到延吉地方主管部门的大力支持，为了进一步加强延吉理化化石村建设，强化延吉恐龙化石群在全国的科研科普地位及重要价值，结合化石村"五个一"工程建设工作思路，以恐龙文化为魂，大力打造恐龙文化旅游产业，建立了化石村"一村一馆"。规划建设以大型的、"国内第一、国际一流"的博物馆、主题公园和遗址公园为目标，2018年初，延吉恐龙博物馆开始筹建工作，2019年初，博物馆顺利建成并开馆运营（图2-11-4）。该博物馆是吉林省范围内唯一的恐龙专题博物馆，同时也是集化石发掘保护、科研、科普于一体的国际化科普教育基地。

图2-11-4 延吉恐龙博物馆

3.一村一游

2019年，为不断丰富恐龙文化和挖掘旅游消费潜力，以化石文化带动地方旅游，扩大延吉旅游市场影响力，吉林延吉恐龙文化研究发展中心正式成立。当地政府规划将化石村与周边资源进行整合，即整合延吉市帽儿山国家森林公园、中国朝鲜族民俗园、恐龙博物馆、恐龙文博苑（金豆欢乐园）等旅游资源，进行统一规划、建设、管理，并提出建立AAAAA级景区——延吉帽儿山（恐龙）文化旅游风景区的设想。风景区规划总面积 2100hm², 拟投入 100 亿元, 以恐龙文化、民俗商业与民俗文化、生态与休闲旅游三大板块为核心, 建设朝鲜族民俗风情园、恐龙博物馆、恐龙文博苑(金豆欢乐园)、道路基础设施、恐龙化石遗址保护公园、康养项目、帽儿山环山绿道、民俗商业街改造、民俗恐龙文化创意产业园区等。 项目完成后, 将极大丰富延边地区的旅游业态和旅游产品, 填补吉林省恐龙文化旅游产业的空白, 加快形成集生态游、文化游、研学游、美食游、休闲康养游于一体的全域旅游格局, 打造东北区域文化旅游新地标。

目前, 延吉恐龙博物馆、延吉恐龙乐园已建成并开园, 相关的其他项目正在逐步推进中。

4. 一村一品

延吉龙山恐龙化石的发现, 引起了各级媒体的高度关注。 在恐龙化石发掘过程中, 从中央电视台到地方媒体(图 2-11-5), 充分利用新媒体优势, 多角度、多渠道时时传递发掘现场信息。 新华社客户端以图文直播的方式, 对发掘现场进行直播。 延吉新闻网在其官方微博、微信公众平台、新闻网站, 与中央电视台、新华社同步直播发掘现场(图 2-11-6)。 与此同时, 境外媒体也从不同角度、不同的渠道对龙山恐龙化石的发掘进行报道, 从上至下, 纵横联合, 掀起了对外宣传的热潮。

图 2-11-5 媒体宣传报道(《吉林日报》)

2017年，中央电视台派出20多人的报道组于5月26日开始，先后在新闻频道《朝闻天下》《新闻直播间》和央视新闻移动网"网络直播间"以"现场直播+网络直播"的方式，分阶段全景呈现延吉龙山恐龙化石发掘过程，对提高延吉市的知名度、美誉度，以及促进化石小镇建设起到了极大的推动作用。

图2-11-6　徐星院士(右三)现场接受中央电视台采访报道

在对恐龙化石的发掘、保护、研究、对外交流宣传过程中，聚集了各方力量共同推动延吉恐龙化石文化的传播，地方政府、科研机构和新闻媒体拧成一股绳，形成了"领导给力，保护得力，专家鼎力，媒体助力"的化石保护"延吉模式"，在全国化石保护中具有重要的示范引领作用。另外，延吉化石主管部门也不忘"走出去"的发展理念，以延吉恐龙文化开展对外合作交流（图2-11-7），多次参加全国大型恐龙特展及相关会议（图2-11-8），延吉化石文化也得到国内乃至国际上专家学者的一致认可。

四、下一步规划与展望

延吉龙山恐龙化石遗址所在地处于"丝绸之路经济带"的北线范围内，北接黑龙江嘉荫，南望辽宁朝阳，串起了"一带一路"东北亚古生物化石走廊，具有得天独厚的地理和资源优势。下一步，延吉龙山恐龙化石群将进一步打造"延吉模式"，加强化石保护、促进科学研究、助力"一带一路"，按照化石村建设工作内容，完善化石村建设工作，以恐龙文化为魂，深度开发恐龙文旅产业及衍生产品，加快构建"一核集聚、三

图 2-11-7 "一带一路"化石科考队走进延吉化石村

图 2-11-8 2017 年中国恐龙发现 115 周年纪念大会

带联动、五区协调"旅游发展空间布局,为延吉"新旅游"发展注入强劲动力,将延吉恐龙文化产业打造成为延边朝鲜自治州乃至吉林省一站式"新旅游"目的地和网红打卡地,让古生物化石"活起来",为地方经济带来生机和力量。

第十二篇　辽宁北票四合屯化石村

——"花鸟源头　白垩圣地"

辽宁北票四合屯化石村位于北票鸟化石国家级自然保护区,这里具有完备的中生代地层及门类众多的古生物化石,在全世界占有极其重要的地位。因出土"中华龙鸟""辽宁古果"等诸多明星化石被誉为"世界上第一只鸟起飞的地方""世界上第一朵花绽放的地方"。2017年9月,辽宁北票四合屯被中国地质学会化石保护分会正式批准为化石村(图2-12-1)。政府对化石村的不断建设,为探索自然奥秘、揭示自然规律、研究生物资源可持续发展与合理利用奠定了坚实的基础;为有效治理区域及社区生态环境、涵养水源、保持水土、开展多学科教学实践创造了良好的条件;为改善群众的物质文化生活、发展地方经济开辟了崭新的路径;为正确处理保护与利用的关系,促进社会经济与自然生态的可持续协调发展提供了崭新的建设模式。化石村的建设使得珍贵地质遗迹资源得到有效保护,对发挥其重要的生态区位功能具有巨大而深远的影响。

图2-12-1　辽宁北票四合屯化石村揭牌

一、地理位置

辽宁北票四合屯化石村位于辽宁省北票市上园镇炒米甸子村,地处辽西低山丘陵区,位于北票市西南部,距北票市城区35km,距朝阳市区30km,距北票高铁站和高速口20多千米(图2-12-2)。 区域总面积26 000亩,耕地面积6220亩,林地面积15 500亩,全村298户,户籍人口1070人(截至2020年末)。 近年来,在实施乡村振兴战略实践中,该化石村围绕丰富化石文化资源打造文化旅游景区和古生物化石研学教学实践基地,开发全景旅游产业。

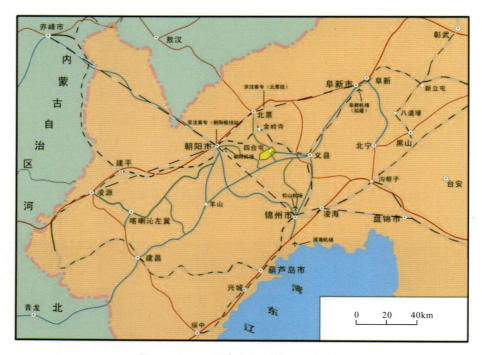

图2-12-2 四合屯化石村交通区位图

四合屯化石村地貌主要为低缓的丘陵(图2-12-3),相对高差多在50~80m之间,最高不超过150m。 丘陵之间为"V"字形或"U"字形河床,多为季节河,河道两岸大部分发育有一级阶地,个别有二级阶地,多用作耕地;没有大的河流和湖泊,属内陆丘陵贫水区;村内植被覆盖率较低,无珍稀的动植物资源,无大面积森林,植被主要是灌木及杂草,少数地块有未成年林、成年林及果树林。

图 2-12-3　辽宁北票四合屯化石村风光鸟瞰

二、重要化石资源

四合屯是热河生物群的典型代表产地，相继发现的古生物化石包括鸟类、恐龙类、翼龙类、有鳞类、离龙类、龟类、两栖类、鱼类、叶肢介类、虾类、介形类、昆虫类、双壳类、腹足类、植物类、孢粉类和轮藻类等近 20 个门类上千个属种，并且以鸟类为代表的珍稀化石数量最多、属种最多、赋存层位多而著称于世。在四合屯，迄今发掘出的鸟类化石已达数千枚，曾创下了 16m² 同一层灰白色凝灰质页岩中发现保存完美的鸟化石达 10 枚的世界纪录。

自发现圣贤孔子鸟以来，1994—1998 年间，在四合屯等地义县组中数以百计的珍稀化石被发现，其中包括季强和姬书安 1996 年命名的原始中华龙鸟（图 2-12-4）、粗壮原始祖鸟和 1998 年命名的"邹氏尾羽龙"；1997 年秋徐星等意外发现了北票

图 2-12-4　"第一只鸟"——中华龙鸟

龙化石，同期被发现和报道的还有杨氏东方翼龙、长趾辽宁鸟、川州孔子鸟和孙氏孔子鸟等化石。1998年，孙革等在北票上园黄半吉沟义县组发现了原始被子植物辽宁古果（图2-12-5），同年，在北票上园四合屯地区发现并报道了弯齿树翼龙、长趾大凌河蜥、葛氏辽蟾和董氏尾羽龙等化石。

图2-12-5 "第一朵花"——辽宁古果

1999年，在北票上园四合屯义县组发现了早期哺乳类金氏热河兽、千禧中国鸟龙、杜氏孔子鸟（图2-12-6）、横道子长城鸟、步氏始反鸟和三燕丽蟾（图2-12-7）；进入20世纪，在四合屯地区相继有新的珍稀化石被发现，如秀丽郝氏翼龙、北票中蟾、中国毛兽、章吉营锦州鸟、东方吉祥鸟、东方神州龙、皮家沟伊克昭龙（图2-12-8）、三燕丽蟾、孟氏大连蟾、巨型中华丽羽龙、被子植物十字里海果等化石。

以中华龙鸟为代表的小型兽脚类恐龙、以孔子鸟为代表的原始鸟类、以五尖张和兽为代表的早期哺乳类群、以辽宁古果为代表的早期被子植物等珍稀化石的发现，震惊了全世界，热河生物群（图2-12-9）研究很快成为国际学术前沿热点领域。

图 2-12-6 杜氏孔子鸟化石

图 2-12-7 三燕丽蟾化石

图 2-12-8 皮家沟伊克昭龙化石

图 2-12-9 热河生物群生态复原图（赵闯绘）

三、化石村建设

自 2015 年以来，地方古生物化石主管部门围绕四合屯地区化石保护利用进行了详细的规划和全方位打造，先后完成了生态保护规划、化石保护规划、景观规划、美丽乡村规划、保护区视觉识别 VI 形象系统设计、环境生态影响专题报告编制等工作，在加强化石保护工作的同时，积极研究化石文化及化石文化产业发展。2017 年 9 月四合屯顺利被授予"化石村"名片，又在各级地方领导的关心和大力支持下，进一步加快推动化石村建设，取得了一系列重要显著成绩。

如依托国有控股的北票市四合屯化石文化产业发展有限公司，引进中古基国源（北京）股份有限公司的股份，先后与十多家科研机构和知名院校签署协议并达成合作，以四合屯珍稀化石为主题设计注册商标 26 类（图 2-12-10），制作以辽宁北票化石为特色的化石模型及复制品，大力发展化石文化，设计制作地域特色的化石文创产品。并与中国科学院等 5 家科研机构达成关于化石文化研究、推广的合作（图 2-12-11），与北京大学、沈阳师范大学古生物学院等知名院校签约合作项目。四合屯化石村先后成为"科普教育实践基地""省级院士工作站""中国产学研实践基地"等。

| 图 2-12-10　注册商标 | 图 2-12-11　2017化石保护研讨会走进四合屯 |

在基础建设方面，2013年建设的四合屯古生物地质遗迹保护工程建设中的化石馆改扩建工程外主体已完工（图2-12-12），并积极启动展陈设计。此外，保护区管理局先后争取自然资源及林草系统中央转移支付资金上千万元用于生态保护和环境治理。几年来，化石村先后修建了45km的标准砂石路和10km的水泥路，形成了管护道路的互通互联。另外，围绕化石村绿化、美化工程，完成生态绿化3km^2，栽植红云木、国槐、看桃、侧柏、火炬树、松树、文冠果等景观树木2万余株，有效地保护了环境。同时，维修维护界碑、界桩200余个。

图 2-12-12　四合屯古生物化石馆

在化石村化石保护监管方面，保护区管理局全方位加强了监管力度，实施了全天候不间断巡查，新建了核心区围栏、设置了视频监控点、购置了无人巡查机、配备了执法记录仪和 GPS 定位仪，真正构筑起人防、物防、技防立体监管体系。

结合国家脱贫攻坚及乡村振兴国家战略，保护区管理局不断加强生态保护及环境保护力度，乡村因地制宜开展"金丝王大枣"等多种品牌果木种植和家庭养殖，形成了初具规模的种植、养殖体系，发展乡村休闲农业，具有良好的经济效益和社会效益。

辽宁北票四合屯化石村素有"第一只鸟起飞的地方"和"第一朵花盛开的地方"之称。2010 年上海世界博览会，以"中华龙鸟""辽宁古果""攀援始祖兽""张和兽""孔子鸟""赫氏近乌龙"等为代表的化石珍品成为辽宁馆的一大特色和抢眼招牌（图 2-12-13），接待观众达 130 万人次，时任国务院总理温家宝和时任国务院副总理李克强参观辽宁馆时，对展览作出了高度评价。2017 年，四合屯珍稀化石再次亮相湖南长沙化石论坛暨长沙矿博展（图 2-12-14、图 2-12-15），同样引起高度关注和大量公众的啧啧惊叹。

图 2-12-13　上海世博会辽宁馆

图 2-12-14 2017年化石保护论坛辽宁化石捐赠仪式

图 2-12-15 2017年长沙矿博会辽宁展区

四、下一步规划与展望

北票四合屯化石村是世界上"第一只鸟起飞的地方",是世界上"第一朵花盛开的地方",四合屯化石村有着得天独厚的化石资源和深厚的化石文化。下一步,化石村将立足化石特色,大力发展化石产业文化,加强古生物化石科学研究、科普教育和宣传推广工作,扩大化石村对外影响力;同时建立和完善古生物化石保护长效机制和保护管理组织体系,建成国内外知名的热河生物群研究中心,有效开发古生物化石科研、科普和旅游功能,实现化石村的可持续发展(图2-12-16)。

首先,在现有博物馆建设基础上,打造国内、国外古生物化石科考体验旅游基地,与外围化石科考研学体验景区和人文自然景区联合打造北票地质旅游产业,带动地方经济发展;同时,进一步提升信息管理水平,建成化石村古生物化石信息中心。

其次,合理开发利用化石资源,进行衍生品开发,发展化石文化产业,打造新型化石产业,把四合屯化石村打造成国内著名的具有化石文化特色的乡村休闲旅游目的地。

图2-12-16 四合屯景区及古生物化石馆效果图

第十三篇　辽宁义县河夹心化石村

——中外化石保护者的共同心血结晶

辽宁义县河夹心化石村是下白垩统义县组"热河生物群"的重要产地，基于化石村资源重要价值，2008 年由德国化石收藏家波尔博士与当地政府在河夹心村合作修建了中德古生物博物馆。该博物馆是化石村的核心区域，占地面积约 $4 \times 10^4 \mathrm{m}^2$，紧邻 G305 国道，距离义县城 13km。经过十余年的不懈努力，该博物馆已发展成为辽宁锦州古生物化石和花岗岩国家地质公园的主场馆，是国家 AAA 级旅游景区、辽宁省科普基地、义县科普教育示范基地。另外，该博物馆是辽宁省化石保护、科研科普的重要场所。鉴于此，义县河夹心村于 2018 年 9 月 10 日被授予"中国化石村"称号并举行揭牌仪式（图 2-13-1）。

图 2-13-1　义县河夹心化石村揭牌仪式

一、地理位置

河夹心化石村位于辽宁省西北部，属义县管辖，在大凌河北岸 2km 处，面积约 $8.99 \mathrm{km}^2$，由河夹心、破台子、北山、邹家沟 4 个自然屯组成，下辖 11 个村民小组，共有农户522户,村民1890人(截至2021年底)。河夹心村建于明朝天启年间,因东、西、南三面被大凌河围成一个半岛状,故以地貌得名河夹心(图2-13-2)。

图2-13-2 河夹心村村口

二、重要化石资源

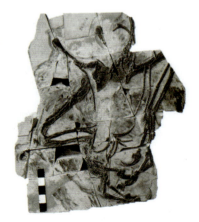

化石村出露地层为下白垩统义县组中上部大康堡层,属义县期火山喷发间歇湖相沉积,含反鸟类和离龙类等珍稀化石,其生存时代根据同位素测定距今(120±2)Ma。大康堡层曾出土的化石有离龙类的白台沟潜龙 Hyphalosaurus baitaigouensis,反鸟类的韩氏长嘴鸟 Longirostriornis hani,两栖类的细弱宜州蟾 Yizhoubatrachus macilentus,手盗龙类的长掌义县龙 Yixianosaurus longimanus(图2-13-3),驰龙类的郝氏中国鸟龙 Sinornithosaurus haoiana,禽龙类的杨氏锦州龙 Jinzhousaurus yangi,翼龙类的崔氏北方翼龙 Boreopterus cuiae,初鸟类的中华神州鸟 Shenzhourap-

图2-13-3 长掌义县龙骨骼
(据徐星等,2013)

tor sinensis（图2-13-4），甲龙类的奇异辽宁龙 *Liaoningosaurus paradoxus*（图2-13-5），东方吉祥鸟 *Jixiangornis orientalis*，昆虫类的孟氏丽昼蜓 *Abrohemeroscopus mengi* 等。

图2-13-4 会飞的恐龙——中华神州鸟（据季强等，2002）

图2-13-5 会游泳的恐龙——奇异辽宁龙（据刘义川等，2021）

三、化石村建设

中德古生物博物馆立足于化石资源丰富的义县河夹心化石村，义县充分利用中外合作的特有优势，加强化石村和博物馆的改造及建设，在自身建设和科学普及方面取得了长足的进步。

1. 博物馆设施建设

中德古生物博物馆（图2-13-6）于2018年进行了大规模的场馆改造，现已成为辽宁锦州古生物化石和花岗岩国家地质公园博物馆，河夹心化石村也因此成为该国家地质公园的核心区和重要的科研科普展陈区。

图 2-13-6 中德古生物博物馆室内外场景

2. 对外科普及宣传

河夹心化石村以中德古生物博物馆（图 2-13-7）为主要平台，积极对外开展科普及宣传，拍摄了系列宣传片；开展了多媒体宣传报道，通过传统媒体和新媒体同步进行宣传；精心打造博物馆官方网站、公众号和抖音号。

图 2-13-7 中德古生物博物馆综合楼

博物馆与大型展览会主办方及知名商家合作办展,自 2013 年起,连续 5 年参加中国湖南、湖北的国际矿物宝石博览会(简称"国际矿博会")并举办模型特展(图 2-13-8)。多次参加北京、天津、青岛等地的矿物宝石化石展会(图 2-13-9)。

图 2-13-8 2013—2017 年国际矿博会参会情况
A. 2013 年湖南长沙国际矿博会;B. 2014 年湖南长沙国际矿博会;C. 2015 年湖南郴州国际矿博会;
D. 2016 年湖北黄石国际矿博会;E. 2016 年湖南郴州国际矿博会;F. 2017 年湖南郴州国际矿博会

图 2-13-9 化石展会参与情况

A. 2011 年北京三里屯特展;B. 2014 年天津国际珠宝首饰博览会;

C. 2015 年青岛珠宝及艺术品收藏博览会;D. 2016 年北京国际艺术村展览

3. 古生物模型复制

自 2009 年开始,博物馆在瑞士 Interprospekt Group AG 集团总部的大力支持下进行古生物化石骨架的复制(图 2-13-10A～F),取得了较好的成效,已成为本行业国内外知名的古生物模型生产基地。除了骨架模型外,博物馆最新产品 3D 模型(图 2-13-10G、H)也已投放市场。

4. 国际合作与交流

利用中外合作的特有优势,博物馆在国际合作与交流方面也做出了一些成绩。2018 年和 2019 年,博物馆连续举办了两届中德古生物教学交流和地质科普项目高级研修班(图 2-13-11),圆满完成培训及教学任务。

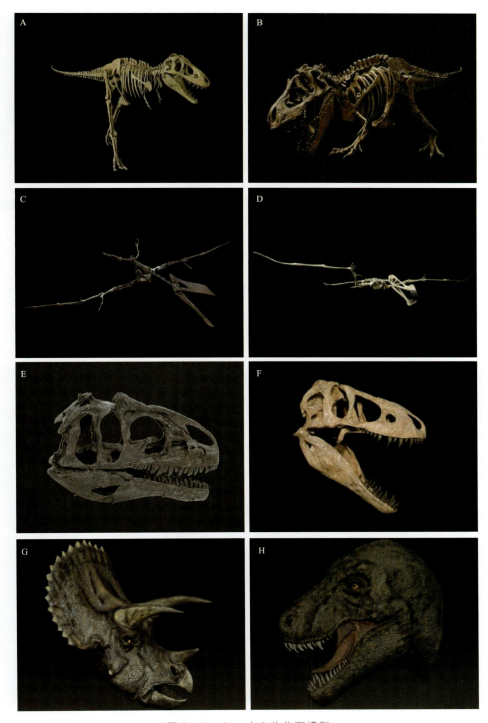

图 2-13-10 古生物化石模型

A. 特暴龙骨架模型；B. 雷克斯暴龙骨架模型；C. 风神翼龙骨架模型；D. 鸟掌翼龙骨架模型；
E. 异特龙头部骨架模型；F. 特暴龙头部骨架模型；G. 三角龙头部 3D 模型；H. 雷克斯暴龙头部 3D 模型

图2-13-11 中德古生物教学交流和地质科普项目高级研修班

5. 研学基地建设

2017年4月16日,以中德古生物博物馆为研学基地的专业科学探索机构——始祖鸟科学教育中心在北京成立,国家古生物化石专家委员会专家等参加了揭牌仪式(图2-13-12)。

图2-13-12 始祖鸟科学教育中心在北京成立

河夹心化石村以博物馆为平台开展了多次针对广大中小学生的科普研学活动,设计开发了一系列研学课程项目,吸引了省内外众多学生团体前来化石村研学旅行(图2-13-13)。

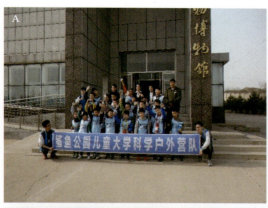 

图 2-13-13　科普研学活动

A. 盘锦鲨鱼公园儿童大学科考营；B. 义县宜州小学研学团；C. 凌海市时代英语培训学校研学团；D. 锦州市国和小学研学团

四、下一步规划与展望

河夹心化石村将以中德古生物博物馆为载体，进一步加强化石保护及科研科普工作，加强研学项目建设，大力培养研学导师，精心设计研学课程，争取将博物馆打造成为区域内知名的研学基地。

通过博物馆建设升级和服务设施完善，与县域内 AAA 级以上景区紧密合作，开发景区联票，线上线下共同宣传、共谋发展。

抓住乡村振兴机遇，打好"化石"这张牌。义县作为举世闻名的"化石资源宝库"，在国家大力振兴乡村的大背景下，以化石项目串联区域内的主要景点和村落，进行农旅融合，将能够快速实现创业富民和就业富民的宏伟目标。中德古生物博物馆期望成为这项产业融合中的先锋军，与乡村同振兴、共发展。

第十四篇　山东莱阳南李格庄村

——亿年前的昆虫王国

山东莱阳南李格庄村是下白垩统莱阳群重要的昆虫化石产地之一，是我国昆虫化石研究的发源地，也是山东莱阳白垩纪国家地质公园重要的化石遗迹保护点。该化石点剖面出露较好，含化石层是典型的湖相页岩沉积。

早在20世纪20年代，我国老一辈地质学家就对该区域进行了考察，并采集了大量的古生物化石，中外学者对采集于莱阳群中的昆虫化石进行了研究，揭开了我国古昆虫研究的序幕。1984年以来，科学家在这一地点采集了种类丰富、标本保存完整的昆虫化石，为研究早白垩世生物与环境之间的关系提供了翔实的古生物学证据，其中多数属种为世界范围内中生代昆虫化石。

一、地理位置

南李格庄村位于山东省莱阳市团旺镇，距离团旺镇人民政府约4km，距龙青高速团旺收费站仅10分钟的车程，地理位置优越，交通便利（图2-14-1）。

村庄位于莱阳市五龙河中段沿岸，地势平缓，总体呈西高东低，境内多丘陵，起伏不大，海拔为15～45m。村庄东部为旧居村落，紧邻五龙河生态保护区，部分民居保有旧时风貌；西部为新规划区域，干净、整洁（图2-14-2）。截至2021年底，村庄常住人口户数397户，户籍总人口1236人。所种植树木多为杨树，土地多为耕地，以农田为主。

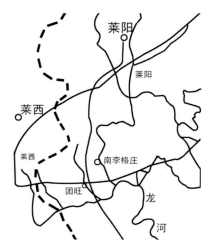

图2-14-1　南李格庄村区位示意图

图 2-14-2　南李格庄村全貌

二、重要化石资源

莱阳群昆虫化石广泛分布于莱阳盆地，数量众多，种类繁杂，其中以孑孓（蚊子的幼虫）的保存最为丰富。20 世纪 80 年代，相关古生物研究团队多次在南李格庄地区开展野外工作，采集到大量昆虫化石标本，根据初步鉴定，共计有 300 余种，是名副其实的"昆虫王国"，分别隶属于蜻蜓目、直翅目、革翅目、同翅目、异翅目、缨翅目、鞘翅目、脉翅目、蛇蛉目、长翅目、毛翅目、膜翅目和双翅目等 13 个目。目前该区已报道 72 个属种，比较有代表性并能反映本区昆虫性质的主要有艾烟斑蛉化石、丽卡拉套蠊化石、多脉孙氏鸣虫化石、长肢裂尾甲幼虫化石（图 2-14-3、图 2-14-4）。因而，莱阳昆虫组合的代表属种为 $Mesolygaeus$-$Schizopteryx$-$Sinochaoborus$。这个组合包括以下本区特有的且"热河昆虫群"中常见的重要分子，主要有如下属种：长肢裂尾甲 $Coptoclava\ longipoda$、群集隐翅幽蚊 $Chironomaptera\ gregaria$、莱阳中蝽 $Mesolygaeus\ laiyangensis$、黑山沟中国蟌 $Sinaeschnidia\ heishankowensis$、锹形华唇仰泳蝽 $Clypostemma\ xyphiale$、山东开翅蝽 $Schizopteryx\ shandongensis$、三孔甘肃织毛蚊 $Gansuplecia\ triporata$、尹氏原金龟子 $Proteroscarabaeus\ yeni$。

图 2-14-3　代表性昆虫化石

A. 艾烟斑蛉化石；B. 丽卡拉套蠊化石；C. 多脉孙氏鸣虫化石

图 2-14-4　长肢裂尾甲化石

A～D. 长肢裂尾甲的成虫化石；E、F. 幼虫化石汪筱林研究员在20世纪20年代谭锡畴等老一辈地质学家对莱阳考察成果的基础上，在南李格庄村找到了一个新的化石出露点。该点化石数量众多，类型丰富，包括昆虫、植物、鱼类等化石，还保存有非常完美的鸟类足迹化石，另外波痕等沉积现象发育。其中植物化石（图2-14-5）有30多种，以裸子植物为主，包括蕨类、苏铁类、松柏类和银杏等；动物化石以昆虫为主，其他为鱼类、恐龙足迹、腹足类、双壳类、介形类、叶肢介、爬行类和孢粉类化石。

图2-14-5　代表性植物化石

三、化石村建设

1. 化石保护管理

近几年，莱阳市人民政府高度重视化石保护的工作，进一步加大其保护力度，于2016年底，配齐了山东莱阳白垩纪国家地质公园管理服务中心领导班子，明确了管理职责，即负责园区内地质遗迹的保护和管理。

山东莱阳白垩纪国家地质公园管理服务中心同步成立地质遗迹保护科，专门负责对化石遗迹点的保护，定期进行巡查，并做好登记。2020年，管理服务中心立足保护化石资源，进一步健全完善了化石保护管理体系，结合化石资源分布现状，在抓好前期现场测量航拍、区域厘定等工作的基础上，对南李格庄村化石保护点采取围挡保护措施，并安装360°全方位实时监控装备，在馆内可做到实时监控（图2-14-6）。2021年，山东莱阳白垩纪国家地质公园管理服务中心继续加强对南李格庄地区化石遗迹点的保护力度，定期进行

图2-14-6　地质遗迹保护点围封保护与监控

维护整修与全域巡查,确保园区内遗迹点的连续性和完整性。

2. 科普宣传推广

针对南李格庄村化石保护工作,化石主管部门长期注重化石科普宣传,截至2021年底,组织化石保护进村宣讲10场、流动博物馆进村宣传3场(图2-14-7)、地质遗迹保护网络直播4场(图2-14-8)。入村、入户的科普教育,提升了村民保护化石的意识,使全体村民投入到化石保护工作中来。2020—2022年,村民制止、主动上报未经审批擅自采挖化石行为3起,为化石保护做出了积极的贡献。

图2-14-7 流动博物馆进村宣传

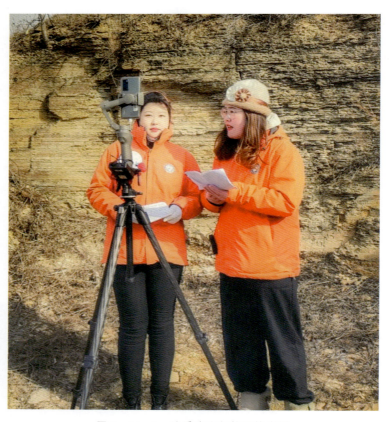

图2-14-8 地质遗迹保护网络直播

3. 科研科考工作

2020年，中国科学院南京地质古生物研究所及山东省地质调查研究院一行9人在公园园区内，全面开启"莱阳盆地下白垩统无脊椎动物生物地层学研究"野外联合科考（图2-14-9）。此次调研科考采集了实体化石500余块，包括狼鳍鱼、叶肢介、昆虫、双壳类、植物化石等，岩石和微体化石样品约200个，其中在部分微体化石样品中发现了介形类化石。

图2-14-9　南李格庄村化石剖面考察

2021年，山东科技大学科考队继续对南李格庄地区进行科考挖掘，进一步厘清化石昆虫属种，取得了丰富的科研成果，已经发表7篇科研论文，其中包括新属种的成果。同时，山东科技大学在公园设立实习教学基地，进一步强化对化石村的科学研究水平，为后期的科考挖掘奠定了坚实的基础。

4. 地学科普教育

以白垩纪国家地质公园为抓手，以研学为依托，南李格庄化石村成功打造"白垩纪地质研学游"这一地质科普品牌，多年来吸引来自国内乃至海峡两岸几十个城市十万余名学生前来参加研学活动，通过研学活动的开展，将南李格庄村的古生物化石及地质知识传播到全国各地（图2-14-10）。

化石村以古生物化石为特色，拍摄制作了化石科普宣传片8部，编制化石科普读物10余份，印制发行数万册；与5所大学建立合作关系，成为其教学实习基地；每年举办白垩纪大讲堂，邀请各专家团队为莱阳的中小学举办"白垩纪科学大讲堂"活动，累计30余场次，惠及学生数万人（图2-14-11）。

图 2-14-10 地质科考研学活动

图 2-14-11 化石科普进校园

5. 美丽乡村建设

南李格庄村在国家新农村建设政策的指引下，高度重视美丽乡村建设工作，累计投入 200 多万元，实施了绿化、硬化、美化、亮化等重点工程，硬化道路 2 万余平方米，安装路灯 80 盏，种植木槿、红叶石楠、香樟树、月季花等各类绿化苗木 4000 余株，美化墙漆 400 余平方米，村容村貌明显改善。

四、下一步规划与展望

作为中国古昆虫研究的发源地，南李格庄村古昆虫化石资源丰富，既是山东莱阳白垩纪国家地质公园全面发展的必要环节，又是团旺镇乡村振兴示范带上的一颗亮眼的星。因此，南李格庄村的发展，将在团旺镇政府与地质公园的共同扶持下，以化石资源为产业起点，形成"一镇一业"小型经济圈，上联开拓渠道的国家级研学平台，下联入村入户的乡村经济，从科研、科普、休闲娱乐 3 个方面作如下规划。

1. 规划古昆虫展示馆，打造学术殿堂

针对南李格庄村化石资源保护现状，拟就地取材，纳入特点鲜明的地层剖面，原地打造占地 5000m² 的古昆虫展示馆。展示馆将因地制宜，"三面环地"，一面墙体直接采用完整的地层剖面，结合全景天幕，动态、直观地展示化石地层资源，还原白垩纪时期莱阳盆地古昆虫盛景，将大型实景沙盘与现存化石进行对比，再现南李格庄村古昆虫化石的辉煌（图 2-14-12）；以时间为轴线，再现莱阳挖掘的 300 多种古昆虫化石样本，请专家团队挖掘、确认新区域化石样本，向世人展示莱阳古昆虫化石完整的发展历程。

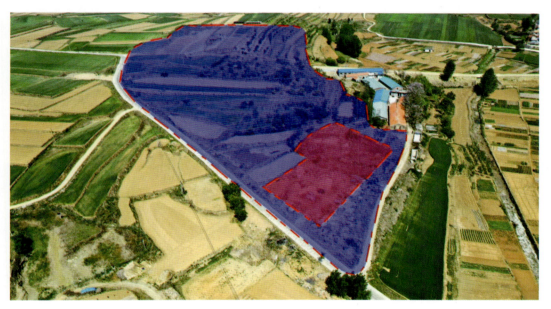

图 2-14-12　规划化石保护区域（蓝色）和古昆虫展示馆拟建区域（红色）

进一步加强与国内相关科研院所的合作，以南李格庄村昆虫化石资源为着力点，开展化石产地野外剖面的保护工作，建立团旺镇南李格庄村野外化石工作站，邀请科学家到南李格庄村组织学术会议，提高南李格庄村在中国古昆虫化石研究中的学术地位。开发"物种起源"科考项目，邀请科学家专业指导，以大学生科考为主，设立地质、古生物专业大学生实习项目，作为古昆虫展示馆的开放、延伸活动。

2. 规划野外教学基地，打造科普品牌

以地质公园研学资源为基础，深化科普活动与研学课程，围绕昆虫化石做文章。一是依托自然资源和现有的地学科普品牌，全力打造青少年野外教学基地，邀请国内知名院校等专家团队，开展"脚印研学""昆虫盛宴""生命起源"等特色科普活动。

二是借助资源与区位优势，以科考"研""宿"为主打项目，在民宿中设置基础科研场地，开发"科研民宿"，免去科学家奔波劳，"一站式"完成科考全部环节；开发"基地民宿"，将南李格庄村面向古昆虫遗迹保护点的西南部分作整体规划，建成统一规格的民宿，便于前来研学、科考的学生住宿，体验"化石村"文化。

3. 规划活化石植物园，打造振兴产业

在以科研科普带动南李格庄村经济发展的同时，着力打造综合植物园区，发展绿色农业，打造乡村振兴产业。一是与古昆虫展示馆南北呼应，依附南李格庄段五龙河，开发"远古植物园"，以"活化石"为主，主要种植各地质时期遗留的植物类型，同步组织植物培育、带"活化石回家"等独具特色的科研科普活动。二是研发"720五龙河"课程，分为"河流流域治理""小小航母""改造采砂船""高效水养（立体水产养殖）""我的水电厂"5个主题，从水、陆、空全方位深度结合植物园内容与水域内容，在植物园内实现"远古"与"现代"的同步前进。

第十五篇　河南汝阳洪岭化石村

——巨龙最后的乐园

河南汝阳洪岭化石村是全球最大的蜥脚类恐龙发现地,也是河南汝阳国家化石产地的核心区。汝阳巨型蜥脚类恐龙动物群自发现以来,引起了国内外的广泛关注,其科学价值、科普价值和社会经济价值得到了充分认可。2008年汝阳县被中国地质调查局地层古生物中心命名为"中国恐龙之乡";2011年底,河南汝阳恐龙化石群地质公园被国土资源部评为国家地质公园;2013年,河南汝阳化石产地被国土资源部列为第一批国家级重点保护古生物化石集中产地(全国38处,河南仅此1处);2017年1月,河南汝阳恐龙化石群地质公园被国土资源部正式命名为"河南汝阳恐龙国家地质公园"。

一、地理位置

洪岭村位于汝阳县城关镇东南6.4 km处,东与七贤村相邻,西以马兰河为界,南至三屯下河村,北至滕岭村(图2-15-1)。全村总面积9.43 km²,其中耕地面积421.4亩,林地面积1 260.1亩,村庄占地面积545.5亩,下辖钟凹、张安、大洪岭、塔凹、鹁鸪崖、小洪岭、赵家岭、郝岭、姬窑、史家岭、花庙沟、半坡12个自然村,18个村民组,人口2458人(截至2021年底)。

图2-15-1　洪岭村全貌

洪岭化石村距汝阳城关 12km，距二广高速 7km，距县道汝刘路 2km，距龙门高铁站 75km，距洛阳北郊机场 78km；村内道路四通八达，近 20 年来，洪岭化石村在国家政策、地方政府支持下，结合新农村建设，对村域道路进行了修缮、改造、硬化，彻底改变了洪岭村人出行难的问题，实现了村村交通网络全覆盖。

二、重要化石资源

2006 年 2 月，在著名古生物学家（恐龙研究者）董枝明研究员的指导下，以及地方政府和各级国土资源部门的大力支持下，河南省地质博物馆联合中国科学院、兰州大学、河南理工大学等相关科研院校，持续对汝阳盆地开展了大量的地层古生物化石调查、勘查和化石发掘、修复、装架复原及科学研究工作，取得了重大突破：在汝阳县三屯镇—刘店镇约 30km^2 的范围内，先后发现分布密集的恐龙化石点 105 处（时至今日还有化石点陆续被发现）；规模发掘化石点 32 处，剥离、发掘化石坑土石方 3 万多立方米，采掘化石标本 278 件，重达 100t 以上；修复恐龙化石 3000 余件，复原装架了巨型汝阳龙、汝阳黄河巨龙、史家沟岘山龙、洛阳中原龙 4 具不同属种的恐龙骨架模型；发现了 12 种以上的新属种恐龙，已完成研究并公开发表命名了 6 种新属种恐龙；新发现了丰富的恐龙蛋、龟鳖、无脊椎动物、微体古生物、古植物和遗迹化石等多门类化石，命名为"汝阳巨型蜥脚类恐龙动物群"（吕君昌等，2006）。采用多种鉴定分析研究方法，基本确定其生存地质时代为距今 1.2 亿年至 1 亿年的早白垩世中晚期，恢复当时的气候主要为暖湿—干旱交替（以干旱为主）环境，恐龙生存时期汝阳盆地周边古地形起伏不大，植物茂盛，水体发育，辫状河遍布，底栖生物和水体生物繁盛，自然生态系统完整。

国内外对比研究表明：巨型汝阳龙是白垩纪巨龙类的代表，是世界上骨骼最粗壮、化石保存最完整的巨龙类恐龙；汝阳黄河巨龙是目前已知亚洲体腔最大、臀部最宽的巨龙类恐龙；洛阳中原龙是中国目前为止唯一发现且有确凿证据的大型结节龙类甲龙；汝阳云梦龙是中原地区首次发现的白垩纪巨型长颈蜥脚类恐龙；史家沟岘山龙是中型蜥脚类恐龙新属种；刘店洛阳龙是继栾川发现窃蛋龙后在中原地区首次发现的一种新的窃蛋龙类；已发表但未正式命名的禽龙，同样具有重要的研究意义。已鉴定且正在研究的还有大型、中型蜥脚类，以及大型肉食龙类、似鸟龙类、窃蛋龙类、驰龙类、小型兽脚类、鸭嘴龙类等。汝阳巨型蜥脚类恐龙动物群家族种类丰富、体格差异大、时代跨度广，对其研究具有重要的科学价值（图 2-15-2、图 2-15-3）。

图 2-15-2　汝阳洪岭化石村发现的巨型汝阳龙肱骨化石

图 2-15-3　汝阳洪岭化石村发现的巨型蜥脚类恐龙化石

几年来，汝阳恐龙化石先后吸引美国、德国、法国、英国、加拿大、日本、韩国、瑞典等国家和中国台湾地区的一批古生物学家，来中国河南参与恐龙化石的合作研究或专题研讨，汝阳恐龙化石承载的科学价值得到了全球恐龙研究领域的公认。中央电视台围绕汝阳恐龙化石的发现、发掘与研究，拍摄了《今日说法——石破天惊》《见证——巨龙惊现》《巨龙发掘记》等 11 部科教专题片，翔实记录了汝阳恐龙动物群凌空出世的传奇故事，并在中央电视台新闻频道多次重复播出；国内外有关报纸及网络中有数万篇关于汝阳恐龙化石的报道。采集的部分化石标本和装架复原模型成为河南省地质博物馆常年展出的灵魂展品，开馆以来已吸引了 300 多万名观众慕名参观；装架复原的 2 架恐龙模型在中国台湾常年展出；部分化石标本和装架复原模型应邀参加了 2007—2008 年日本的"亚洲大恐龙展"，2010—2011 年美国辛辛那提、夏威夷博物馆专题展，2012—2013 年韩国大恐龙展，2013—2014 年中国香港"巨龙传奇展"等。汝阳恐龙化石在多个国家、地区多期次被展览，在国际上引起巨大轰动。

三、化石村建设现状

按照化石村建设"五个一"工程部署，洪岭化石村基本完成"五个一"工程建设，形成了化石村特有的化石文化品牌。

1. 一村一站——汝阳恐龙国家地质公园化石保护站

汝阳恐龙国家地质公园化石保护站成立后，任刘店镇文化站负责人李宏鹏为站长，负责化石村恐龙化石保护、管理工作。保护站工作人员定期会对周边村民进行化石保护的宣传及知识普及，收集化石线索并向汝阳恐龙化石群地质公园管理处报告，配合汝阳县自然资源和规划局开展化石保护执法行动。

2. 一村一馆——汝阳恐龙地质博物馆

汝阳恐龙地质博物馆 2016 年开始对外开放，面积 3100m^2，是集科研、科普、参观、旅游于一体的综合性博物馆，分为序厅、科普走廊、化石区和娱乐区（图 2-15-4）。序厅以汝阳恐龙化石研究成果展示为主，辅以当地恐龙骨骼化石和矿石标本展示；科普走廊全方位展示世界上主要恐龙属种及特征；化石区以发掘遗址和恐龙复原装架展示为主；娱乐区以电子互动产品为主。

3. 一村一品——巨型汝阳龙与汝阳黄河巨龙

巨型汝阳龙复原后体长 38.1m，体重达 130t 以上，是目前世界上骨骼最粗壮、体重最重的恐龙；汝阳黄河巨龙复原后，其肋骨长达 2.93m，是目前已知亚洲体腔最大的恐龙（图 2-15-5、图 2-15-6）。

图 2-15-4　汝阳恐龙地质博物馆

图 2-15-5　汝阳黄河巨龙复原装架

4. 一村一游——汝阳恐龙国家地质公园

汝阳恐龙国家地质公园位于洪岭村和七贤村内，在 2018 年 12 月成功创建为国家 AAA 级旅游景区，多次接待当地中小学生开展恐龙化石科普研学等活动（图 2-15-7），年均接待游客约 10 万人次，为当地带来了丰厚的旅游收入，也提高了汝阳恐龙的知名度。

图 2-15-6 巨型汝阳龙复原模型

图 2-15-7 中小学科普研学活动

5. 一村一乐——史家沟恐龙主题民宿

结合洪岭村美丽乡村建设计划,刘店镇人民政府计划将洪岭村史家沟自然村改造为以白垩纪时期恐龙生活场景为主题的民居、民宿,以汝阳恐龙化石为特色发展古村落计划(图 2-15-8),该项目目前正在规划建设中。

图 2-15-8 史家沟村民宿改造效果图

四、下一步规划与展望

根据化石村目前情况，下一步将结合化石村"五个一"工程建设思路建强化石村，在洪岭化石村发展配套旅游产业，如采摘、恐龙主题民宿等，为乡村振兴提供强有力的产业支撑，助推地方经济发展。

洪岭化石村是汝阳龙重要的化石产地，也是重要的恐龙化石研究基地，结合科研、科普成果，下一步将加大汝阳恐龙化石的科普宣传和研学，定期举办化石村地质科普讲座，将化石资源保护意识传递给每一位化石村村民和每一个前来参观的研学科普团队，进一步提高汝阳化石的知名度并扩大其社会影响力。

第十六篇　山西阳泉三泉化石村

——中国华北最古老的森林及陆地古生态系统

山西省三泉村是阳泉市重要的古生物化石集中产地核心区域，是筹划建设化石公园、博物馆、化石保护与研究中心的规划区。阳泉市古生物化石研究历史悠久，早在民国时期，丁文江、李四光与王竹泉等科学家已经在阳泉开展了许多开拓性、奠基性的地质与古生物化石研究工作。近些年来，阳泉市众多新的化石被发现，如国家重点保护的石炭纪大型木化石和二叠纪四足动物化石。

依照《古生物化石保护条例》《古生物化石保护条例实施办法》《地质遗迹保护管理规定》及山西省自然资源厅关于地质遗迹保护的通知要求，在自然资源部及相关科研单位的不懈努力下，越来越多的国际科研成果在阳泉诞生。阳泉市已经成为我国著名的古生物科学研究基地和古生物化石研学游基地。

一、地理位置

三泉村位于山西省东部阳泉市中心区荫营镇，地处太行山西麓，距阳泉市区8km，总面积5km²，村庄现有人口5300人（截至2021年底）。三泉化石保护核心区西侧为李荫路，是阳泉市城乡主要道路之一，李荫路以西为郊区最高山峰——刘备山，海拔1 272.6m；南侧为G307国道复线，距离阳泉东高速口10km，距离阳泉西高速口16km，距离阳泉东站8km，距离阳泉北站35km；北侧、东侧为郊区主要道路，周边酒店、公交、餐饮、购物等服务设施便利（图2-16-1）。

三泉村及周边以山地地形为主，农业基础相对薄弱，农业生产比较落后。当地村民依靠石炭系与二叠系中富存的煤炭、矾石、硫铁等矿产资源为生，该区矿产资源以储量大、品位高著称。三泉村采掘、冶炼、铸造等手工业生产历史悠久，有着近百年的开采历史，如今当地村民谋生立业依托的矿产资源已经枯竭，转型发展迫在眉睫。三泉村与桥上村两村之间的1.32km²土地是经山西省自然资源厅调查评价划定的山西省国家级重要化石保护核心区域，三泉化石村（图2-16-2）进一步的规划是将其建设成为山西省地学旅游与科普示范地、我国乡村振兴高质量转型发展的示范村。

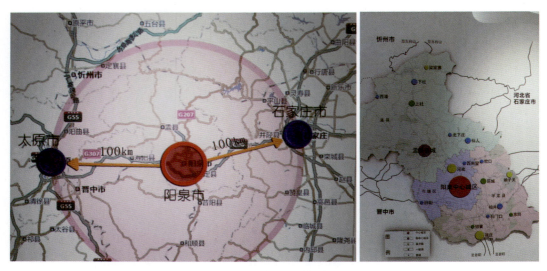

图2-16-1　阳泉三泉化石村区位交通示意图

图2-16-2　刘备山上鸟瞰三泉化石村,右侧为石炭系本溪组化石剖面

二、重要化石资源

三泉村古生物化石群代表了我国华北地区最古老的陆地生态系统，三泉村石炭纪宾夕法尼亚亚纪的木化石群是我国华北最古老的木化石群，距今约3.15亿年。我国华南具有珍贵的、更古老的泥盆纪植物森林，但是树木普遍偏小，因此我国唯一的三泉村石炭纪木化石群又被誉为中国最古老的大型木化石群落。

因为华北地区的古台地遭受风化剥蚀没有留下志留系时期、泥盆系时期的沉积，因此三泉村石炭纪宾夕法尼亚亚纪的大型木化石集中群落是华北台地接受沉积后最早的陆地生态系统。三泉村范围内含3个木化石沉积地层，与奥陶系不整合接触的石炭系本溪组含木化石96株，最粗可达1m，距今约3.15亿年；连续沉积在本溪组之上的二叠系乌拉尔统太原组（上部）与山西组是阳泉市木化石最丰富的地层，2020年初步统计木化石479株，其中三泉村含木化石82株，距今2.95亿～2.8亿年；周边区域下石盒子组—孙家沟组含3个木化石层，属二叠系瓜德鲁普统至乐平统，距今2.7亿～2.5亿年，含木化石16株。

化石村木化石群以原始的科达类矿化树木为主，此外，它保存有我国较难保存的鳞木、芦木、辉木、种子蕨等矿化立体木材化石，化石完好地保存了植物的髓部及外部皮层结构。2017年，中国科学院南京地质古生物研究所的万明礼副研究员、王军研究员，以及美国密苏里科技大学的杨晚教授等，在国际刊物 *Palaeogeography*、*Palaeoclimatology*、*Palaeoecology* 研究报道了二叠系山西组木材中罕见的担子类真菌化石；同年，在同刊物研究报道了阳泉发现的混合阳泉木，命名为 *Yangquanoxylon mis-cetlum*；2020年，他们在国际刊物 *Palaeoworld* 报道了由211株科达木组成的三泉村二叠系太原组木化石群，其中最粗的一株直径达1.36m，是我国目前被研究报道最粗的一株科达木化石；2021年，他们在同刊物报道了三泉村石炭系本溪组发现的一个新种树木化石梅氏达姆德木 *Damudoxylon meii* Wang and Wan, n. sp，这是我国华北地区目前发现的最古老的乔木。2021年，中国科学院古脊椎动物与古人类研究所盖志琨副研究员在国际学术期刊《地质学报（英文版）》上以封面文章研究发表了瓣齿鲨属牙齿化石在中国的首次发现，进一步丰富了我国的重要化石资源（图2-16-3）。

中国科学院古脊椎动物与古人类研究所刘俊研究员在国际刊物《古脊椎动物学报》报道了首次在我国二叠纪晚期孙家沟组发现的二齿兽类，归为隐齿兽目某个支系在中国的首个代表；2020年，在国际刊物 *Journal of Vertebrate Paleontology* 报道了世界上首次发现的二齿兽类新物种，依据发现者和发现地命名为白氏桃河兽 *Taoheodon*

图 2-16-3 三泉化石村发现的木化石与二叠系瓣齿鲨
A、C、D. 三泉化石村发现的二叠纪木化石；B、E. 三泉化石村发现的石炭纪木化石；
G. 瓣齿鲨属牙齿化石；H. 瓣齿鲨复原图作为《地质学报（英文版）》封面

baizhijuni；同年在国际刊物《化石记录》报道了首次在我国二叠纪晚期孙家沟组发现的始椎类化石新物种，依据发现地命名为阳泉长寿螈 Seroherpeton yangquanensis，在国际上将始椎类动物的灭绝时间推迟了 3000 万年。2018 年，山西地质博物馆史建儒、董黎阳等，在《中国地质》上报道了阳泉发现的锯齿龙化石（图 2-16-4）。

截至 2021 年底，阳泉市已经发现和采集石炭纪至二叠纪的古植物化石（华夏植物群）216 种，海洋无脊椎动物化石 200 余种，此外发现了罕见的石炭纪节肢动物及昆虫类化石（图 2-16-5、图 2-16-6）。

图 2-16-4 阳泉化石产地发现的四足动物及复原示意图
A. 二齿兽类部分化石；B. 阳泉长寿螈复原图；C. 锯齿龙头部化石；
D. 锯齿龙类复原图；E. 锯齿龙头部化石；F. 锯齿龙类复原图

图 2-16-5 三泉化石村及周边的非重点保护级古植物化石

图 2-16-6　三泉化石村及周边的非重点保护级无脊椎动物化石

三泉村发现的木化石模式标本（采样标本）保存在中国科学院南京地质古生物研究所，研究文章配图的化石主体保存在阳泉市，受阳泉市人民政府保护；已经被研究的瓣齿鲨、阳泉长寿螈、锯齿龙等标本保存在中国科学院古脊椎动物与古人类研究所，三泉村建好化石博物馆后归还，用于扶持地方文化和科技发展，隐齿兽及白氏桃河兽将归还复制模型。古植物化石及古无脊椎动物化石部分收藏在中国科学院南京地质古生物研究所和山西地质博物馆内，大量标本保存在阳泉市规划和自然资源局，用于三泉村化石博物馆建设。

三、化石村建设

自 2018 年国家古生物化石保护专家委员会来阳泉市调研、指导化石村建设以来，按照化石村建设"五个一"工程指导思想，政府先后开展以下工作：一是打破常规，引进了古生物化石方面的人才；二是明确了阳泉市古生物化石保护、开发与利用专项工作，选择专职人员负责；三是投入专项资金，修建了南山公园化石科普园、三泉村原位化石保护坑；四是投入资金，开展化石资源调查和申报国家重要古生物化石集中产地；五是在国家古生物化石保护专家委员会的指导和引荐下与中国科学院专家对接，开展化石保护和研究工作（图 2-16-7、图 2-16-8）。

图2-16-7 专家在阳泉指导化石保护工作

图2-16-8 三泉化石村木化石保护原址1号坑与化石展览室

中国科学院南京地质古生物研究所的研究人员王军、徐洪河、傅强、万明礼、梅盛吴等先后在阳泉地区以三泉化石村为中心的区域开展了古植物研究工作；中国科学院古脊椎动物与古人类研究所的研究人员刘俊、王强、盖志琨、陈建业、李录等先后在阳泉地区开展了化石的调查与研究工作；首都师范大学任东教授与博士生们在三泉化石村及周边开展了古生代化石昆虫的研究工作（图2-16-9）。通过专家的不懈努力，在阳泉地区发现并取得了许多国际性的重要科学研究成果。

图2-16-9　古生物专家在阳泉开展古生物研究

山西省自然资源厅给予了三泉化石村技术、人才、资金的支持，在围绕三泉化石村辐射的整个阳泉市开展了化石资源的专项调查（图2-16-10）；山西地质博物馆将三泉化石村作为地质与古生物化石的户外实践基地；山西工程技术学院每年组织大学生在三泉化石村开展地质实习；阳泉市化石主管部门阳泉市规划和自然资源局将三泉化石村建设作为招商引资建设的重点项目；阳泉市文化和旅游局将三泉化石村地质游作为阳泉市重点打造和推广的三大旅游板块（红色文化游、忠义文化游、地质文化游）之一。

图 2-16-10　三泉化石村化石专项调查

通过在全国报纸、网络媒体的宣传以及山西省、阳泉市地方电视台、报纸、网络媒体的宣传，在全国性学术交流会上推广三泉化石村达 4 次，迎接全国研学参观团体 80 余次，进入大学院校和小学开展化石科普 18 场，三泉化石村已初步成为我国著名的古生物化石研学基地（图 2-16-11）。

为了加强对古生物化石资源的保护，阳泉市规划和自然资源局进一步加大执法和巡查力度，及时制止破坏化石的行为，成立了阳泉市古生物化石保护协会。协会会员包括各县区的自然资源和规划局、文化和旅游局、教育局、科学技术协会、化石资源所在村镇的相关领导和社会各界的化石爱好者及民间手工艺人。阳泉市古生物化石保护协会聘请了中国科学院古生物研究单位及山西省自然资源厅和太原市有关专家进行指导，定期开展化石的普法与科普教育宣传活动，每年组织会员在 10 月 11 日庆祝国际化石日，并由阳泉市化石主管部门领导带头参加，开展普法与化石保护宣传活动（图 2-16-12）。

图 2-16-11 三泉化石村化石研学教育活动

图 2-16-12　化石的收集、保护与修复

随着化石保护、研究、科普和宣传的深入，化石从三泉村扩散到阳泉市域全境，已广泛被市民认识和熟悉，越来越多的青少年喜欢上地球历史与古生物的相关知识，立志成为伟大的地质古生物学家。人们逐渐开始创造与化石相关的文化艺术品，形成了化石赏石艺术。阳泉市三泉化石村围绕"五个一"的工程指导思想，进行招商引资，为三泉化石村建设锦上添花。

四、下一步规划与展望

按照地方统一规划，三泉化石村下一步将重点打造以化石为特色的三泉村化石公园。三泉村化石公园（保护地）建设含公园接待区、化石博物馆区、儿童乐活体验区、体育拓展区、化石沟体验区、山地休闲区和崖壁实景化石体验区七大板块，含原位木化石景观、化石森林景观、古生物复原景观、地质剖面景观、矿坑景观、博物馆展区、化石修复体验区、实训教学区及接待中心、停车场、公共卫生间等公共服务设施，总占地面积 1 980.332 3 亩（图 2-16-13、图 2-16-14）。

图 2-16-13 规划中的阳泉市化石公园及配套设施建设效果图

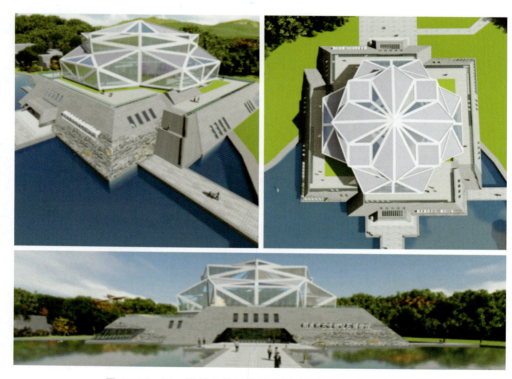

图 2-16-14 规划中的三泉村化石博物馆外观建设效果图

第十七篇　云南禄丰大洼化石村

——中国恐龙第一村

禄丰市大洼村是全国首批国家重点保护古生物化石集中产地——云南禄丰大洼化石产地的核心区,也是禄丰恐龙国家地质公园的核心保护区。大洼恐龙山是中国古生物学家第一次经历恐龙"发现—研究—装架—展览"全过程的一个极好示范地,不仅奠定了中国恐龙研究的基础,而且在国际上奠定了中国学者在恐龙研究中的学术地位。禄丰恐龙的发现,一直被誉为"中国侏罗纪恐龙发现、研究史上的第一重大事件"。

一、地理位置

大洼村位于云南省禄丰市金山镇东北部,毗邻昆楚大高速禄丰出口,距市区6km,与Y041乡道相连,距禄丰南高铁站10.1km,地理位置优越,交通十分便利(图2-17-1)。大洼村属于半山区,海拔1600m,辖区面积20.7km²,耕地面积2 211.6亩,以生态农业的方式种植水稻、蔬菜,大洼村所产的"东河大米"在省内颇有名气。截至2021年底全村户籍总人口2348人,共565户。

图2-17-1　大洼村位置示意图

化石村位于著名的侏罗系红层,主要岩性为红色、紫红色砂岩夹泥岩,处于扬子准地台西缘、康滇地州范围。经多次地壳运动,在不同时期形成的岩层中,化石村出现多种各具特色的构造地貌,古生代与中生代地层多为短轴状宽缓褶皱,断层较少。

大洼化石村处于中部禄丰小盆地（图 2-17-2），产于下侏罗统下禄丰组，化石产地中心区在大洼村一带，北至五台山、路溪乡，从仁兴延入武定境内，南到腰站，南北长约40km，东西宽约 2km。

图 2-17-2　大洼村自然风貌

二、重要化石资源

（一）大洼村代表性化石资源

大洼村周边区域陆相侏罗系发育，古生物化石资源富集，分布在新洼、大地、张家洼、大荒田、大冲等地。1938年至今，几代古生物学家呕心沥血，发现并命名了大量以原蜥脚类为代表的恐龙化石，如许氏禄丰龙、巨型禄丰龙、新洼金山龙、大地龙等，同时发现了肉食性恐龙化石，如中国双脊龙（三叠纪中国龙），另有早期哺乳动物化石，如下氏兽、巨额兽等。

1. 许氏禄丰龙

许氏禄丰龙属于大椎龙科禄丰龙属，是我国自主发现、自主发掘、自主装架、自主研究、自主命名的第一种恐龙化石，被称为"中国第一龙"，其作为中国古动物馆的镇馆之宝，现在依旧对公众展出。许氏禄丰龙体型小巧，身长约6m，直立时的身高超过2m。头骨小且短，鼻孔呈正三角形，眼眶略大。上牙大约有27颗，下牙有20颗，牙形呈扁平的叶子形状，前后边缘还分布有锯齿。许氏禄丰龙的颈部较长，尾椎有45个，腰椎有3个，背椎有14个，颈椎有10个。它的颈椎和背椎非常粗壮，前后足都有5个脚趾，前后足的第一爪都很发达，后足的趾骨比前足的趾骨强壮（图 2-17-3）。

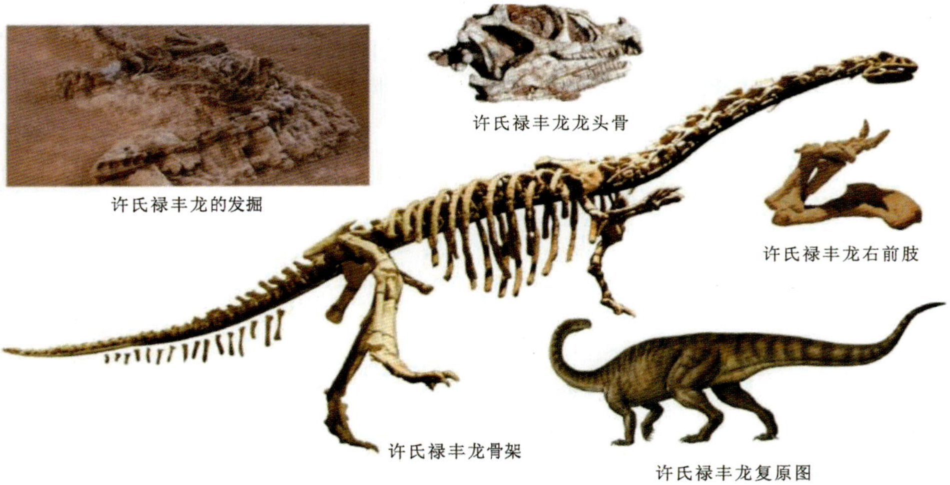

许氏禄丰龙的发掘　许氏禄丰龙龙头骨　许氏禄丰龙右前肢　许氏禄丰龙骨架　许氏禄丰龙复原图

图2-17-3　许氏禄丰龙图组

1958年，中国邮政总局发行了一套三枚的古生物纪念邮票，其中一枚是许氏禄丰龙的骨架和复原图，这枚邮票是全世界发行的第一枚恐龙邮票（图2-17-4）。

2. 巨型禄丰龙

巨型禄丰龙是原蜥脚下目禄丰龙属的一个种。巨型禄丰龙生存于侏罗纪早至中期，身长约6m，是第一具在中国出土的完整的恐龙骨骼化石，其具有细小的头颅和相当长的颈，巨型禄丰龙身体比较笨重，前肢短小，后肢粗壮，两腿能直立行走；尾巴粗大，在奔跑时起平衡作用（图2-17-5）。

图2-17-4　世界第一枚恐龙邮票（许氏禄丰龙）

巨型禄丰龙头骨　巨型禄丰龙前肢　巨型禄丰龙复原图　巨型禄丰龙骨架

图2-17-5　巨型禄丰龙图组

3. 新洼金山龙

新洼金山龙是蜥形纲蜥臀目原蜥脚亚目板龙科新洼金山龙相似属，是一种个体巨大的原蜥脚类杂食性恐龙，生存在侏罗纪早期。化石发现于禄丰盆地侏罗系禄丰组中。它体长约 8.6m，高约 4.2m，骨骼重且粗壮，头骨相对较小，头长 37.5cm，牙齿的齿列较长，牙齿数目较多，前肢短，多数情况下用后肢行走。新洼金山龙股骨粗壮，肢骨骨壁较厚，前脚骨短（图 2-17-6）。

图 2-17-6　新洼金山龙图组

4. 中国双脊龙

中国双脊龙属于兽脚类肉食性恐龙，是当时生态系统中的顶级掠食者，生存于侏罗纪早期。化石发现于大洼村西北部，禄丰盆地侏罗系禄丰组中。它体长约 6m、高 2.4m，特点是头骨大，前肢短小，善于奔跑，头顶上长着两片大大的骨冠，故取名"双嵴龙"（图 2-17-7）。

图 2-17-7　中国双脊龙图组

(二)科学研究进展

1937年,时任中央地质调查所技术局的卞美年在禄丰县境内侏罗系红层中找盐时,在禄丰盆地西南侧——平浪舍资蚂蟥箐发现零星化石碎片。1938年7月,杨钟健从长沙到昆明,鉴定了卞美年发现的碎片后确定该碎片是恐龙化石,同年10月,杨钟健即率卞美年、王存义等到禄丰县大洼等地发掘,发现了大量恐龙、三尖齿兽等脊椎动物化石,在大洼恐龙山大冲村发掘出一具完整的恐龙化石——许氏禄丰龙以及其他哺乳动物化石,从而揭开了禄丰恐龙化石的面纱。这不仅是中国的首次发现,也是亚洲首次发现的板龙类恐龙化石。此后数十年间,杨钟健陆续到禄丰大洼进行考察,发表了《许氏禄丰龙之再造》《许氏禄丰龙》《禄丰蜥龙动物群》《似卞氏兽》《云南禄丰两原始哺乳动物》等学术论文(图2-17-8)。

图2-17-8 发表相关科研成果

21世纪以来,随着科学研究的深入开展,禄丰大洼地区又陆续有了一些重大的科研发现。2013年,禄丰大洼地区禄丰组张家洼段中上部酒红色泥岩中发现的恐龙胚胎化石作为国内发现的最古老的恐龙胚胎化石,登上Nature封面(图2-17-9),引起全世界恐龙化石研究界的轰动。该胚胎化石保存了包括头部、脊椎和四肢在内的主要骨骼化石和大量散落的细小胚胎骨骼化石。胚胎骨骼化石的发现对研究原蜥脚类恐龙的个体发育具有十分重要的意义,为恐龙胚胎化石研究开辟了新的领域。

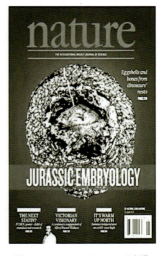

图2-17-9 Nature刊登禄丰大洼胚胎化石

三、化石村建设

（一）化石保护政策制定

2012年12月，云南省楚雄彝族自治州依据国务院颁布的《古生物化石保护条例》，根据自身发展情况制定了《云南省楚雄彝族自治州恐龙化石保护条例》（图2-17-10），该条例在云南省楚雄彝族自治州第十一届人民代表大会第二次会议上通过。该条例对禄丰恐龙化石的保护、发掘、收藏、研究、利用、科普宣传等方面的工作做了规定和要求。禄丰市多年来认真贯彻落实《云南省楚雄彝族自治州恐龙化石保护条例》等政策法规，做好古生物化石资源保护相关工作，并取得了一定的工作成果。

（二）化石保护措施

为了更好地保护禄丰地区的古生物化石资源，2011年禄丰县国土资源局设立地质遗迹保护管理所，专门负责禄丰地区的古生物化石保护工作。

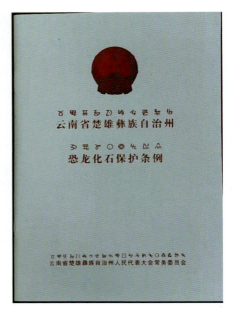

图2-17-10 《云南省楚雄彝族自治州恐龙化石保护条例》封面

2021年1月，禄丰市设立了禄丰市恐龙化石保护研究中心。自机构设立之日起，每月组织人员到包括大洼在内的恐龙化石产地进行巡查，对受风吹雨淋等自然因素影响而即将损坏、遗失的古生物化石进行抢救性保护。同时对化石点周边村民开展化石保护重要性的科普宣传工作，让全民参与到化石保护中来。

为了更好地保护禄丰大洼地区的古生物化石，禄丰市每年都会利用科普宣传周、地球日、土地日等科普活动在禄丰市和各乡镇组织开展科普宣传活动，强调恐龙化石保护的重要性，告知民众一旦发现化石要及时上报有关部门等。此外，禄丰市每年会不定时地向市民发放科普宣传册、宣传折页等，宣传化石保护相关的政策法规。

针对产地化石数量大、分布广、管护难度大等问题，禄丰市在大洼恐龙山核心区域、展馆、科普道路附近安装了监控摄像头，留存影像信息，并及时传回管理部门保存，优化保护管理工作的硬件设施条件并大力提升管护能力（图2-17-11）。

图 2-17-11　化石点监控中心

(三) 基础设施建设

作为中国最早发现恐龙化石的地方之一,禄丰大洼村在古生物化石保护设施的建设上同样起步较早。1992 年,禄丰县人民政府耗资 20 余万元,在当年发现的化石点原址处建设了两座化石保护馆,分别为大洼恐龙山一号化石保护馆与大洼恐龙山二号化石保护馆(图 2-17-12、图 2-17-13),两个馆内分别就原址保存了一具完整度较高的许氏禄丰龙化石和一具完整度较高的巨型禄丰龙化石。同时,为了纪念杨钟健院士所做的贡献,禄丰县在一、二号馆之间立了一座杨钟健头部雕像,并立碑篆刻他的事迹,供游客参观缅怀这位杰出的古生物学家。

图 2-17-12　大洼恐龙山一号化石保护馆

图 2-17-13　大洼恐龙山二号化石保护馆

2003年,国土资源部通过了成立云南禄丰恐龙国家地质公园的申请,包括大洼恐龙山在内的区域被纳入云南禄丰恐龙国家地质公园区域范围内。

2013年12月27日,根据国土资源部办公厅、财政部办公厅下达的《国土资源部关于下达2013年度国家级地质遗迹保护项目预算审查意见的通知》(国土资厅函〔2013〕1213号),禄丰县人民政府获得禄丰恐龙化石产地保护项目专项经费,并按照预算组织实施相应保护工程建设。

2016年,禄丰县人民政府在大洼恐龙山大冲小组的化石点上新建了大冲一号化石保护馆与大冲二号化石保护馆(图2-17-14、图2-17-15),增强了大洼恐龙山的基础硬件能力,进一步提升了旅游吸引力。自包括大洼两个化石馆在内的4个化石保护馆建成并对外开放以来,每年都有来自全国各地的青少年夏令营团体、高校和研究所的学生到4个馆参观学习。

图2-17-14 大冲一号化石保护馆

图2-17-15 大冲二号化石保护馆

同年,为了提升大洼恐龙山的科普效益与旅游效益,禄丰县人民政府修建了两条科普道路,道路将大洼恐龙山有价值的景点串联在一起,使得游客参观更加便利,同时也为大洼地区的村民们提供了一条出入村庄的畅通道路。

2019年,为了增强大洼恐龙山的科普宣传能力,禄丰县人民政府完成了禄丰恐龙国家地质公园建设,同时建成的禄丰恐龙博物馆作为禄丰恐龙化石科普展示教育基地(图2-17-16),升级改造公园标识系统等。新增综合说明牌4块、剖面介绍牌6块、导览牌9块、景观介绍牌8块、剖面科普说明牌27块、馆内科普说明牌49块、交通指示牌9架;更换交通指示牌牌面6架、温馨提示牌60块、公告牌3块。

(四)化石科研科普推广

化石村与各大高校、研究所联合开展科普教育活动,营造高质量科普体验。从2011年至2021年,禄丰市与中国科学院协作开展"科技英才"科普教育活动,累计接待师生5000余人次,带领大家实地游览大洼恐龙山,参观化石保护馆,向学生们讲解

图 2-17-16 禄丰恐龙化石科普展示教育基地

恐龙化石发掘、采集、装架和保护的相关知识。2020年,禄丰市与昆明理工大学、吉林大学签订共建高校学生科研科考实习基地的协议,协议签订后,每年都有高校学生到大洼恐龙山开展地质实习活动(图2-17-17)。

图 2-17-17 昆明理工大学研究生团队到保护馆考察

接待全国各地的青少年夏令营、研学营等团体到大洼恐龙山开展活动。自2016年科普道路修建以来,每年都有青少年团体到大洼恐龙山参观,孩子们随工作人员参观完化石保护馆后,还会在安全员和带队老师的陪同下在大洼恐龙山进行野外郊游,一边听工作人员讲解科普知识，一边近距离接触著名的禄丰侏罗系红层，欣赏云南独特的自然风貌。

大洼恐龙山各个场馆自建成以来，陆续有中央电视台、云南省电视台、楚雄州广播电视台等新闻媒体到这里参观采访，并录制专题节目，有效提升了大洼恐龙山的知名度（图2-17-18）。

图2-17-18　来自全国各地的主流媒体记者到大洼恐龙山参观采访

四、下一步规划与展望

随着昆楚大高速公路的建成，在距离大洼恐龙山仅4km处新增一处高速公路站，这为大洼村的发展带来重要的新机遇。

依托越来越好的区位交通条件，大洼村将紧密结合乡村振兴战略实施，深挖化石资源价值，不断提升大洼村旅游吸引力与接待服务能力。一是整合旅游资源。大洼化石保护地包括新洼、大地、大冲、大荒田、张家洼、二钻山等地都有恐龙化石出土的历史，且大洼一、二号馆与大冲一、二号馆都对公众免费开放，新建科普道路将几个化石点和景点连接起来，在为游客提供更好的游览体验的同时，为周边村民的生产和出行提供便利。二是进一步加强各类设施场馆建设，不断升级建设已有场馆。自1937年以来，无数的科研工作者与技术工人、当地村民艰苦卓绝，在这片红土地上创造了数不清的科研成果，书写了无数的动人故事，拟在大洼村新设恐龙文化纪念馆，集科普宣传与文化传播于一体，一方面展示多年来大洼地区的科研成果，进行科普宣传；另一方面讲述大洼恐龙发现和研究的故事。三是强化基础设施建设。新建更多停车场、卫生间、导游处等基础设施，强化旅游吸引力，提升服务能力。四是持续开展保护古生物化石宣传。在禄丰市的学校、村委会、企业开展科普讲座，一边传播科学知识，一边向群众宣传《古生物化石保护条例》和《云南省楚雄彝族自治州恐龙化石保护条例》的知识，强化群众的化石保护意识。此外，借助每年的科普宣传周、地球日、土地日等科普活动，向群众发放科普宣传图册，宣传化石保护相关的政策法规。五是加强与国内外各大高校、研究所、青少年研学团体的合作与交流，发挥大洼古生物化石的科研价值。

禄丰大洼村作为研究侏罗纪恐龙最重要的地点之一，因化石而成名，有"中国恐龙化石保护第一村"的称号，其重要性毋庸置疑。未来的禄丰大洼将借助乡村振兴的机遇和良好的区位优势，借助大洼恐龙山丰富的古生物化石资源提升其旅游吸引力，在发展中打造"大洼化石村"这张名片，使其成为"旅游＋科普＋生态农业"的独特景点。

第十八篇　甘肃盐集化石村

——世界上保存最好的恐龙足迹化石产地

甘肃省盐集村所产的恐龙足迹化石群于1999年8月首次被发现,2001年12月,国土资源部批准其建立了国家地质公园。该产地的恐龙足迹群以分异度高、清晰度好、产出层位多、规模大被国内外专家赞誉为世界上保存最好的恐龙足迹化石。2020年以来,盐集村以产业脱贫和乡村振兴为契机,加强化石保护,做好古生物科普,大力发展基础设施建设,以多元恐龙文化为主题的化石村逐步形成,对助力精准脱贫和乡村建设发挥越来越重要的作用。

一、地理位置

盐集村隶属甘肃省临夏州永靖县盐锅峡镇,位于黄河北岸,距永靖县城刘家峡21km(图2-18-1、图2-18-2),土地面积53 491亩。村西面是著名的刘家峡恐龙足迹化石产地、黄河三峡湿地及盐锅峡水电厂。盐集村自然风景秀美,村民热情朴实。盐集村除了发展旅游业外,同时还发展种植业,包括温棚种植、金银花种植和百年枣林等。截至2021年底,全村总人口1562人、412户。

图2-18-1　甘肃永靖盐集村自然风光

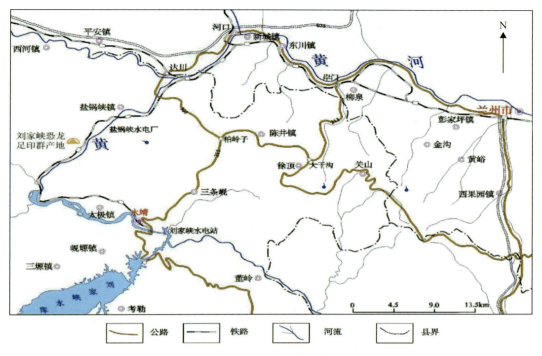

图 2-18-2　盐集化石村区位交通图

二、重要化石资源

盐集村产出化石主要是早白垩世恐龙足迹，包括蜥脚类、兽脚类、鸟脚类、翼龙类和鸟类等的足迹。目前，该产地共发现恐龙足迹点 10 个，其中人工揭露 4 个，揭露地层面积约 $2000 m^2$，产 11 类 150 组 1831 枚足迹（图 2-18-3）。这些足迹类型丰富，保存清晰完整，有上、下 5 个层位产出，既有世界上最大的蜥脚类恐龙足迹，又有呈二趾型的驰龙足迹。大型的肉食性恐龙足迹与成行排列的鸟脚类足迹共生，步伐矫健的虚骨龙紧随大型蜥脚类之后。除此之外，大量的恐龙尾巴拖曳地上的痕迹、粪迹、卧迹等遗迹化石的组合，揭示了早白垩世恐龙、翼龙和鸟类一起生活、休戚与共的真实场景。自刘家峡恐龙足迹化石发现以来，李大庆等先后与中国地质大学（北京）、日本福井县立恐龙博物馆、美国科罗拉大学、美国宾夕法尼亚大学、韩国地质矿产研究所等单位开展合作研究（图 2-18-4、图 2-18-5），成果颇丰，先后在 SCI 期刊和核心期刊上发表论文 10 余篇。

各种不同类型的足迹如图 2-18-6 所示。

1号足印点　　　　　　　　　　　2号足印点

4号足印点　　　　　　　　　　　6号足印点

图 2-18-3　几种典型的足印点

图 2-18-4　甘肃盐集恐龙足迹研究专家李大庆(中)现场介绍恐龙足迹化石

图 2-18-5　恐龙研究专家董枝明(左一)现场考察并接受采访

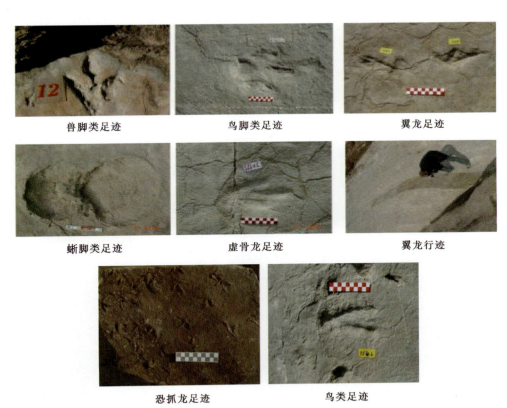

图 2-18-6　各种不同类型的足迹

继刘家峡恐龙足迹发现以来，李大庆等团队在相邻同时代地层中又发现了炳灵大夏巨龙、刘家峡黄河巨龙、巨齿兰州龙等巨型蜥脚类恐龙化石（图2-18-7）。

图2-18-7 新发现的巨型蜥脚类恐龙化石

发现的恐龙化石与足迹之间有着相互对应的关系，这一带发现的恐龙足迹-恐龙骨骼的化石组合对古兰州盆地一带早白垩世生物多样性的研究提供了有利可靠的证据和材料（图2-18-8）。

图2-18-8 甘肃刘家峡恐龙足迹化石群1号点对应生态复原图

三、化石村的建设

盐集村作为以化石为特色的特色村落,在地质公园保护建设过程中发挥了重要作用。特别是自化石村创建以来,盐集村明确了总体发展思路,即"五个一"工程:一村一站——化石保护站;一村一馆——化石科普馆;一村一品——化石文化品牌;一村一游——化石产地旅游;一村一乐——化石村农家乐。根据这个思路,盐集化石村的建设逐步正规化,以化石保护助力乡村发展为目标,初步形成了以恐龙文化为产业的发展模式。

1. 一村一站

自化石村创建以来,当地政府通过加强化石资源调查和压实保护管理责任,并将部分保护管理职责赋予村集体的管理模式,使全村古生物化石资源得到了有效保护,化石保护站的功能得到充分发挥。为更好地研究好、利用好这些珍贵的恐龙遗迹化石,盐集化石村正式成立了华夏龙迹研究开发中心,全面负责化石村以及地质公园的建设,为化石资源的调查研究以及化石文创产品的开发创造了良好的条件。

2. 一村一馆

甘肃省永靖县盐锅峡镇盐集化石村有着世界上保存最好的恐龙足迹化石,目前已建成了刘家峡恐龙馆(图2-18-9),馆内集中珍藏展示了一批典型的产自甘肃本地的恐龙化石,这些恐龙化石与足迹化石结合形成了丰富而独特的化石组合。

图2-18-9 刘家峡恐龙馆

2017年，永靖县人民政府和黄河三峡大景区管理委员会投入了大量资金，完善了化石村基础设施建设，在盐集村恐龙湾布展改造了1号足迹化石点保护馆（图2-18-10）和刘家峡恐龙馆，保护和展示了永靖县关山乡2019年发掘的恐龙骨骼化石，并装架了14具恐龙化石骨架，明确了化石村重点地段和核心区域。

图2-18-10　1号足迹化石点保护馆

3. 一村一游

盐集化石村作为刘家峡恐龙国家地质公园的一部分，2020年，黄河三峡大景区管理委员会在恐龙湾实施了刘家峡恐龙博物馆的配套改造及室内布展项目、刘家峡恐龙国家地质公园基础设施建设项目、1号足迹化石点保护馆的布展改造项目等。恐龙湾景区与化石村之间形成了相互依托、共同发展的良好局面，已经建成3500m²停车场、地质科普解说牌16块。

通过省、州、县电视媒体、报刊、公众号等多种方式推介化石村、地质公园及刘家峡恐龙馆，让更多的人了解化石、了解地质遗迹、了解化石村建设的重要意义，以保护古生物化石为主题的科普宣传活动达121场次（图2-18-11），为严格保护、合理利用化石资源打下了良好的基础。

图2-18-11　盐集村化石科普宣传和研学活动

4. 一村一乐

恐龙湾景区辐射带动化石村居民改建农家乐，如休闲垂钓等旅游项目和旅游商店，通过售卖当地特色农产品（如红富士苹果、大枣、草莓等），增加了当地群众的收入，为乡村振兴助力。另外，根据化石村进一步规划，拟建设恐龙文创产品商店，通过恐龙文化元素为旅游业的发展注入新的活力。

四、下一步化石村规划与展望

盐集化石村的建设虽说才刚刚起步，但其发展思路已得到地方政府和当地景区管委会的高度重视。下一步，盐集村计划将恐龙小镇与化石村打造相结合，建成独具特色的恐龙文化村，努力实现"使乡村环境更加优美，基础设施更加完善，群众收入显著提高"的目标。按照国家第十四个五年规划提出的"坚持农业农村优先发展 全面推进乡村振兴"要求，在近几年工作的基础之上，盐集化石村将继续立足化石资源特色，与甘肃农业大学古脊椎动物研究所、刘家峡恐龙馆展开广泛的合作，以创新为手段，进一步拓展乡村振兴的各种产业。

一方面，围绕化石村和恐龙小镇等基础设施建设，打造恐龙文化体验馆和其他相关的旅游配套设施（图2-18-12），以保护促发展，让更多的人了解恐龙、了解化石，自觉树立保护意识。

图2-18-12 刘家峡地质公园总体概念策划——园区定位

另一方面，通过打造旅游景区，让乡村既成为村民的家，也成为游人眼中的景，通过化石文化和旅游相结合，以化石带动乡村游，打造主题鲜明的乡村旅游精品，进一步推动旅游业的发展。

第十九篇　浙江义乌森山化石村

——最古老木化石的集聚地

浙江义乌森山化石村（森山健康小镇）由森宇控股集团有限公司投资建设，是以木化石和铁皮石斛为特色的文旅小镇，小镇位于义乌市义亭镇，规划用地面积 $4.06 km^2$，总投资 51.8 亿元。小镇内发现有丰富硅化木和海百合化石。另外，森山铁皮石斛地理公园曾荣获"全国林草科普基地"称号。"十三五"期间，小镇紧紧围绕三产融合和乡村振兴，高起点谋划，高质量推动化石资源保护利用，有效加强了化石保护管理，使小镇基础设施逐步完善，一二三产业快速发展，村镇社会经济条件及环境得到了极大的改善（图 2-19-1）。

图 2-19-1　2018 年 6 月 6 日森山健康小镇铁皮石斛地理公园开园

一、地理位置

浙江义乌森山健康小镇位于浙江省义乌市义亭镇。义亭镇交通便捷，五洲大道、四海大道横贯其中，高铁、轻轨、国道、高速、空港在此交会，镇内设有甬金高速路口，镇区经上佛路至杭金衢高速路口仅 5 分钟车程，区位优势显著。

浙江义乌森山健康小镇位于义亭镇核心区块（图 2-19-2），该小镇不仅具有得天独厚的地理优势，还拥有丰富的生态资源和深厚的人文积淀。小镇占地 6090 亩，主要为耕作和生活地段，是省级农业科技园区、省级现代农业园区，范围涵盖新西河村、新樊村、石塔一村、石塔二村和西后畈村等5个村落，总人口5612人、619户（截至2020年12月底）。域内文化传承久远，资源丰富，铜山古刹、雅文楼的存古堂、先田的航慈桥、陇头朱的官厅令人流连忘返。佛教圣地铜山古刹更是绝佳去处，一年一度的重阳庙会，引得方圆百里的游人和香客纷至沓来。

图 2-19-2　浙江义乌森山健康小镇全景

二、重要化石资源

浙江义乌森山健康小镇建设有世界硅化木地质公园，里面收集了国内外数10个品种、1111棵硅化木，其品种之全、数量之多、品相之美为世界之罕见。园区内的1111棵硅化木主要形成于1.2～1.8亿年前的侏罗纪和白垩纪时期，每一棵硅化木都是独一无二的、不可复制的，其中棵数规模之大、年代之久远正在申请吉尼斯世界纪录。硅化木"树王"高达25.6m、直径2.8m、重约96t（图2-19-3），历史可追溯到1.5亿年前的侏罗纪时期，为目前已知世界之最。这些硅化木保留了树木的木质结构和纹理，外貌栩栩如生，顶天立地，蔚为壮观。这一千多棵神奇的硅化木分布在小镇广阔的田野上，构成了"千岩竞秀，万壑争流"的山水画卷（图2-19-4）。

小镇还建有森山博物馆，占地面积$2 \times 10^4 m^2$，其中包罗万象，陈列着2000多件古生代的海百合化石以及侏罗纪的恐龙化石，也是小镇引以为傲的旅游吸引物。

图 2-19-3 硅化木"树王"

图 2-19-4 硅化木群

三、化石小镇建设

森山健康小镇高度重视对化石资源的保护利用,大力打造推广化石文化名片,不断探索化石与旅游融合发展模式,已完成世界硅化木地质公园、森山博物馆、世界珍稀瓜果花卉中心、森山中国铁皮石斛地理公园(图2-19-5)、森山百草园、百花园、智能化立体栽培种植中心等科普农业旅游项目建设。通过"村旅新奇特""村旅嘉年华"的方式,策划多场大型主题活动,加强与周边地区的旅游融合发展,不断提高小镇休闲旅游的市场吸引力。截至2021年底,该小镇累计接待游客达60万人次。

图2-19-5　森山中国铁皮石斛地理公园

1. 化石产业与文旅融合发展

全力打造"森山健康小镇地理公园",总面积1500亩,一期建设面积660亩,以1111棵硅化木、1111种中医药、111种热带水果和111种可食用花卉为核心资源。园内规划建设院士林、科普中心、森山铁皮石斛繁育中心、森山百草园、百花园、世界珍稀瓜果花卉中心、铁皮石斛资源库等板块,不断丰富"森山小镇"的自然科学文化内涵。

小镇已有1111棵硅化木,其品种之全、数量之多、品相之美为世界之罕见,围绕珍贵化石,大力建设世界硅化木地质公园和科普博物馆——中国铁皮石斛博物馆(森山化石博物馆和保护站)(图2-19-6)、森山科普中心,加强应用多媒体、球幕影院和5D体验等手段,不断开发特色文旅项目,为社会公众生动讲述46亿年来地球各时期生物演化的故事。

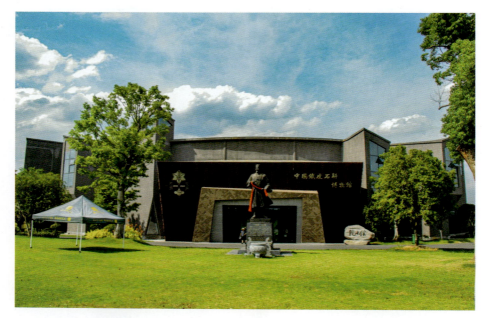

图2-19-6 中国铁皮石斛博物馆外貌(森山化石博物馆和保护站)

邀请专业团队拍摄制作森山小镇的科普文旅宣传片,为来访院士专家、政府领导播放200余次。在网络媒体广泛宣传小镇达10余次,化石小镇美誉度得到初步提升。

成功创建"国家农村产业融合发展示范园"。围绕树化石的现有资源和主导的铁皮石斛种植产业,向前延伸铁皮石斛组织培养、良种培育、农资供销产业,向后发展农产品精深加工业、产品研发等,提升产品附加值,同时让农业生产生活向服务业拓展,引导第一产业链、第二产业链和第三产业链各环节紧密结合,拓展化石保护和宣传产业链。

2. 化石文化与三产融合发展

森山健康小镇不断拓展一二三产业融合发展,规划建设了工业区块(图2-19-7),主要是以现代科技为支撑,打造国草饮料无人工厂,将铁皮石斛生产、加工全程可视化,让消费者从最纪实的角度了解产品,实现与消费者的零距离沟通,并实现原料与产品的双向追溯;规划建设了文旅平台,包括综合酒店、温泉、娱乐、书院、博物馆等多种产业,赋予小镇化石保护更为丰富的内涵。

图 2-19-7　森山健康小镇工业区块图

2020年底，小镇成功创建了"浙江院士之家"——森山健康小镇院士林（图2-19-8）。义乌市科学技术协会充分利用高层次人才疗养基地，打造"院士专家义乌行"金名片，让专家放松身心的同时，开展高端智力集聚和院士行活动，适当安排科技咨询、高端科普讲座，更好地为小镇的产业发展、化石的保护提供智力支持。

图 2-19-8　森山健康小镇院士林

3. 化石文化与教育融合发展

森林健康小镇不断创新化石资源与教育融合发展模式，已经形成了诸如自然科学教育、地质科普教育、农业科普教育、研学体验、农业技能培训、干部培训等一系列农业教育类产品，被列入浙江省中小学生研学实践教育营地、义乌市干部教育培训基地、浙江省妇女干部教育培训基地等。

为进一步推动产业与教育融合发展，小镇正与浙江农林大学、浙江大学等科研院校建立长期技术合作关系，并与相关院校合作在小镇内建立培训基地，已成功创建"浙江院士之家""国家农村产业示范园"等，推出了集中小学研学、干部培训、农业技能培训等于一体的系列化教育培训产品，累计接待研学、培训人数已超过25万人次（图2-19-9）。

图2-19-9 化石村科普研学活动

森山健康小镇累计投资15亿元，推动完成了小镇内水、电、路、通信等基础设施的建设，通过小镇的开发建设，使该地区生产基础设施不断完善升级，综合环境整治工作不断推进，农村土地集约利用水平不断提升，改善了农村居民点原先布局零散、面貌脏乱差的局面，美丽新农村建设进程大大加快，有力地推动了地方经济发展和乡村振兴。

四、下一步规划与展望

"十四五"阶段，森山健康小镇将继续深入实施乡村振兴战略，利用全国女大学生创业基地、中国林学会自然教育实践平台、全国林业科普基地、浙江省妇女干部教育培训基地等优势，整合小镇、森宇控股集团乃至义乌、金华等浙江中部地区的教育、文化资源，在总结全国研学经验的基础上，高起点规划"全国中小学生研学教育营地"项目建设。

下一步，浙江义乌森山健康小镇将进一步加快保护利用珍贵木化石资源，全面按照国家第十四个五年规划提出的"坚持农业农村优先发展 全面推进乡村振兴"要求，在"十三五"乡村振兴的基础上，联合义乌市人民政府、省级有关部门，继续立足浙江义乌森山健康小镇化石特色，结合小镇全域规划布局，深入发挥国家农村产业融合发展示范园作用，利用特色农业与精深加工和第三产业相结合的方式，保护一方山水、传承一方文化、促进一方经济、造福一方百姓、推动一方发展（图2-19-10）。

图2-19-10　建设中的森山健康小镇效果图

第二十篇　广东河源增坑化石村

——早侏罗世华南海湾的菊石乐园

广东河源增坑化石村是我国著名的菊石化石产区，是广东河源恐龙化石省级自然保护区重要组成部分。近几年来，在各级政府部门、科研院所的支持和关注下，增坑化石村以菊石为特色发展乡村致富产业，探索出一条以化石为抓手打造乡村资源特色的乡村振兴道路。

一、地理位置

广东河源增坑村为广东省河源市东源县双江镇下辖，地处东源县境中部、新丰江水库边（图2-20-1）。该村与双江镇中心直线距离约4km，与河源市中心直线距离约24km。交通便捷，通过乡道Y161可连接到县道X165，距离国道G205出口约16km，距离龙河高速公路出口（灯塔）约19km。

图2-20-1　增坑化石村的一角

增坑村共有6个村民小组（寨下、寨上、方田子、新陂、新围、新屋），2019年全村共293户，户籍人口1207人。

增坑村地貌为低山-丘陵地带，海拔在140～300m之间，西南高、东北低，西南最高山峰崩塘脑达464m，为周边最高峰，切割深度一般为100～200m，呈波状起伏。地处北回归线附近，受太平洋东南季风影响，温暖潮湿，雨量充沛，属亚热带海洋性季风气候。冬季盛行东北风，天气较为干冷；夏季盛行西南风和东南风，高温多雨。气象资料记载，本区年均气温21.2℃，极端低温－3.8℃，极端高温39℃，7月平均气温28.2℃，1月平均气温12℃；年平均降雨量为1 889.3mm，雨量充沛，集中于2—9月，平均降雨日155d，无霜期300d左右，相对湿度在64％～89％之间。

二、重要化石资源

增坑化石村为《广东省河源市恐龙系列化石省级自然保护区总体规划（2000年）》划定的菊石化石保护区。增坑地区产出的菊石最早于1996年由黄东（河源市博物馆原馆长）和黄汉川发现，并迅速得到政府部门和有关科研院所的重视（图2-20-2）。

图2-20-2　关于河源增坑地区发现菊石化石的报道(1996—1998年)

据《广东省区域地质志》记载，广东早侏罗世地层与晚三叠世地层为连续沉积，早侏罗世沉积经历了海进海退旋回，在岩相序列上表现为浅海相—海陆交替相—陆相的海退序列，是晚三叠世海盆的继续和发展。该区可进一步划分为粤北海湾、粤东断陷海盆、粤中海盆及粤西山地等古地理单元。早侏罗世，河源地区属于浅海到深海盆地之间的海湾地区，处于粤东断陷海盆中心的河源地区一带，早侏罗世金鸣组主要为一套滨海—浅海相泥质碎屑岩，岩层呈中—薄层状，层理清楚，产状稳定，总体向北西倾（310°～330°），倾角30°～35°，局部由于构造破坏产状变为北倾（0°～350°），倾角15°～20°。下部为砂岩、石英砂岩、页岩等，上部为碳质页岩及介壳泥质页岩，含丰富的化石，主要有菊石、瓣鳃类及植物化石等。菊石个体大小差异极大，大者42cm，小者仅1cm，壳呈扁饼状，外卷式具有平行生长横肋，肋端腹侧有瘤状突起，肋粗无分叉，横断面呈梯形或近方形，有3个棱及2条股沟。瓣鳃类主要有花蛤、壳菜蛤、珠蚌；腹足类有盘螺；植物类有芦木碎片等。

广东、香港和福建地区在早侏罗世西涅缪尔期主要以白羊菊石科Arietitidae分子为主。白羊菊石科在地质历史中主要见于早侏罗世辛涅缪尔期至普林斯巴期，为世界性分布的类群。根据中国科学院南京地质古生物研究所、中国科学院古脊椎动物与古人类研究所和河源市博物馆的最新研究，增坑村发现的菊石可鉴定为：轮状花冠菊石（*Coroniceras rotiforme*）（图2-20-3）、亚轮状花冠菊石（*Coroniceras subrotiforme*）（图2-20-4）、夏尔副花冠菊石（*Paracoroniceras charlesi*）（图2-20-5）。

图2-20-3 轮状花冠菊石
（*Coroniceras rotiforme*）侧视

图2-20-4 亚轮状花冠菊石
（*Coroniceras subrotiforme*）侧视

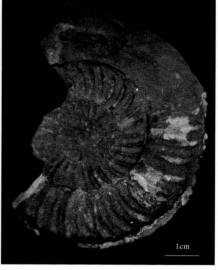

图2-20-5 夏尔副花冠菊石
（*Paracoroniceras charlesi*）侧视

由于中国侏罗纪菊石化石的分布较局限，已知的产地仅有西藏南部及云南、贵州、广西一带的少数地区，河源增坑地区菊石化石的发现，不但丰富了我国菊石化石群的内容，同时对我国侏罗纪区域地层的划分、对比及古环境、古地理的研究均有重要的意义。

三、化石村建设

河源市市级恐龙蛋化石和菊石化石自然保护区设立于2000年（河府函〔2000〕14号），2001年升级为河源恐龙化石省级自然保护区（粤办函〔2001〕740号）。

在《广东省河源市恐龙系列化石省级自然保护区总体规划（2000年）》中，增坑村化石产地被划定为保护三区，主要保护以菊石为代表的侏罗纪海相古生物化石（图2-20-6）。

图2-20-6　设立于化石村周边的保护区警示牌

为了进一步了解和掌握增坑村菊石化石的埋藏信息和重要价值，为科普、研学和化石村建设提供支撑，2020年12月，由河源恐龙化石省级自然保护区管理处和河源市博物馆，会同中国科学院古脊椎动物与古人类研究所和中国科学院南京地质古生物研究所等对化石村周边的区域进行考察（图2-20-7、图2-20-8），采集了大量用于系统科学研究河源地区侏罗纪菊石化石的标本。

图2-20-7　联合考察组对侏罗纪含化石岩层进行考察

图 2-20-8　2020 年联合野外考察时发现的菊石化石

增坑村的建设处于发展阶段，为了更好地保护这些珍贵的古生物化石资源，同时为化石村的建设提供保障，2021 年河源恐龙化石省级自然保护区（菊石化石）保护站建设完成（图 2-20-9、图 2-20-10），在保护站建设基础上，还将进一步规划建设化石科普馆，以展示和宣传地质学、古生物学基础知识和最新的科研成果，同时宣传化石保护相关的法律法规，提升公众的科学素养和保护意识。

图 2-20-9　增坑化石保护站工作团队

图 2-20-10　增坑村保护站

四、下一步规划与展望

截至目前，增坑化石村"五个一"工程推进完成情况如下。

一村一站——化石保护站已建成。

一村一馆——化石科普馆的建设已经开展前期工作，正在逐步完善展示主题和内容方案。

一村一品——化石文化品牌，将依托"菊石"这一重要的品牌设计相关的文化创意产品。

一村一游——化石产地旅游和一村一乐——化石村农家乐将依据《广东省自然保护地规划（2021—2035年）》（广东省自然资源厅和广东省林业局于2021年12月发布）的总体部署。一是对城镇周边具备较好的公共服务供给条件的自然保护区，视资源保护需求，重点进行资源管护、公众教育、生态旅游等设施建设；二是重点推进建设自然公园内必要的科普教育、资源展示设施设备，配套交通、环卫等公共服务设施建设，在提升自然公园多样化保护价值的同时，强化生态服务供给保障能力等政策措施。因地制宜，结合增坑村的资源优势、区位优势，通过化石文化和生态农业的有机融合，围绕"地质旅游＋休闲农业"，打造特色突出、主题鲜明的集研学、休闲和乡土文化于一体的旅游精品。"一村一游"和"一村一乐"的建设将为增坑村提供和创造更多的就业机会，进一步挖掘当地的社会经济发展潜力，帮助实现更高质量发展。

"十四五"期间，增坑化石村将继续秉持化石村总体发展思路，加快推动完成化石村"五个一"工程建设任务。同时，还要借鉴其他已经建设完成的化石村实践经验，大力加强科研合作，创意开发特色产业，为增坑化石村的建设发展提供更多保障。

第二十一篇　贵州清镇侏罗纪恐龙特色小镇

——向世界讲述恐龙故事

贵州清镇侏罗纪恐龙文化科普特色小镇（以下简称"恐龙小镇"）是以恐龙文化资源、自然地理资源、民俗文化资源为依托，以科普研学旅行为重点，以"恐龙文化"为核心，融合观光旅游、休闲度假、文化观瞻等诸多功能为一体的超大型文化创意产业园区。

恐龙小镇既是培育文化创意产业的沃土，也是这一产业得天独厚的对外宣传平台，被列入国家发展和改革委员会"千企千镇工程"项目库、国家古生物化石专家委员会"中国古生物自然科普研学基地"，被中国教育电视台列为"研学旅行公开课节目拍摄基地"，是贵州省重点招商引资项目、贵州省重点文旅工程项目、入选国家重大项目库、贵州省2021年重点项目，是贵州省重点特色文化小镇。

一、地理位置

恐龙小镇位于贵州省清镇市站街镇三河村境内，清镇职教城云站中路与龙凤大道交叉口处，北抵站街镇石门村、东至百花社区凉水井村、南抵红枫湖沿岸及云岭大道、西抵站街镇小河村及红枫湖沿岸，东西长约12km，南北宽约7.5km，占地约50km²。

恐龙小镇所处的清镇职教城区处于新规划的贵安新城（图2-21-1）、百花生态新城的核心起步区，具有得天独厚的区域优势和交通优势。清镇三水萦城、四湖托市，被誉为"中国避暑之都，西部锦绣湖城""清凉世界、休闲天堂"和"世界喀斯特中央公园"（图2-21-2），紧邻AAAA风景名胜区红枫湖和百花湖，依山傍水，风景秀丽，气候宜人。小镇地处黔中交通要道，沪昆高速、厦蓉高速、贵黄高速穿境而过，金清市政干道直达清镇职教城区，园区内道路纵横交错，距贵阳环城公路9km，距金阳新区12km，距贵阳市区23km，距贵阳龙洞堡机场30km，交通十分便利。

图 2-21-1　清镇区位交通示意图

图 2-21-2　恐龙小镇主题造型

二、重要化石资源

贵州清镇恐龙小镇地处古特提斯海北岸,是中三叠世(距今约 2.4 亿年)海生爬行动物群的重要产地,在恐龙小镇内曾发现贵州省内特有的中三叠世海生爬行动物群化石,如贵州龙、鱼龙、鱼类等重要化石资源。贵州省地质博物馆罗永明教授与贵州大学地质学院师生多次到现场研究考察,抢救性发掘采集了多件化石标本(图 2-21-3~图 2-21-5)。

图 2-21-3　贵州地质学家罗永明教授(右一)在恐龙小镇现场考察

图 2-21-4　恐龙小镇内现场采掘的菊石化石

图 2-21-5　胡氏贵州龙化石

此外，小镇内集中展示了产自中国、蒙古国、缅甸、印度尼西亚（印度）、埃及等不同国家和地区的 680 余棵珍稀树化石。这些集中展出的树化石中已鉴定的品种有 9 属 30 种。其中在新疆树化石展区展出的新疆树化石高达 17m（图 2-21-6、图 2-21-7），堪称世界之最。大部分树化石纹理细腻、质地坚硬、树纹清晰、色彩斑斓，有极高的研究价值和观赏价值。这些大自然不可再生的宝贵资源，承载着历史的记忆，可称为恐龙小镇的镇馆之宝。

图 2-21-6　新疆树化石

图 2-21-7 树化石精品展

恐龙小镇内展示的化石资源既有当地特有的古海洋动物群化石，又集中展示了国内外其他地方具有代表性的化石，这将成为贵州进行科学研究和科普研学的重要基地，具有无限的科研文化挖掘价值。

三、恐龙小镇建设

恐龙小镇（图 2-21-8）的建设以化石文化资源、自然地理资源、民俗文化资源为依托，以科普研学旅行为重点，力求将其打造成集民俗体验、文化展示、科技展示、休闲娱乐、养生度假于一体的文化科普特色小镇，小镇布局分为五大板块：神秘河谷（仿真生态——沉浸体验）、顽辉陨石城（机甲朋克——科技互动）、奇趣童堡（卡通萌宠——亲子娱乐）、化石之歌（科普教育——国际研学）、综合体商业街（DINO 梦想城），是集科普研学、探索冒险、吃喝玩乐购于一体的特色小镇。小镇规划将分为两期进行建设，目前已建成神秘河谷、化石之歌等主题板块部分项目及实施。

图 2-21-8 恐龙小镇入口效果

1. 神秘河谷

神秘河谷（图2-21-9）依据小镇自然地形地貌，依小镇内自然山谷地形和河流走向而建，利用自然的山谷地貌营造恐龙时代山谷、丛林、山崖、瀑布、河流等，以生物的演变进化为主线打造贵州"海恐龙"水中王国、贵州"恐龙"乐园和恐龙文化科普区，采用仿生动态恐龙模型与复原场景的融合，再现亿万年前恐龙王国的生活场景，展现生物演化进程，神秘河谷规划占地面积20000㎡，打造全新模式的恐龙时代体验区。

图2-21-9 神秘河谷

规划建成以恐龙景观雕塑（图2-21-10~图2-21-12）、神秘岛、龙之恋、龙栖湖、火山熔岭、真人CS(恐龙之绝地求生)、侏罗纪科普长廊等为主题的参观游览项目及设施。

图2-21-10 神秘河谷之恐龙景观雕塑

图 2-21-11　神秘河谷之神秘岛

图 2-21-12　神秘河谷之"龙之恋"

2. 化石之歌

化石之歌主题板块以儿童研学、古生物学家科考、交流活动为专题，打造集科普、研学、交流于一体的古生物科考教育场所，包括小博士考古乐园、张和国际树化石林和贵州清镇国际古生物化石科普馆3个主题区。

（1）小博士考古乐园。 以研学为宗旨、以互动体验式为特色，打造集科普、研学、教育、娱乐于一体的儿童考古乐园（图2-21-13）。 考古乐园互动体验项目包括古生物考古发掘坑、恐龙放大镜、恐龙实验室、古生物教室等，制作恐龙化石模型、恐龙玩偶、泥塑等趣味手工，配合神奇的地质层环境，让孩子们身临其境地参与到古生物的考古活动中，在考古活动中学习恐龙相关知识，培养孩子们对自然探索的兴趣。

图2-21-13　小博士考古乐园

（2）张和国际树化石林。 在化石爱好者、树化石专家张和教授的捐赠下，在小镇内建成了张和国际树化石林（图2-21-14～图2-21-16）。 该化石林是目前我国西南地区首座树化石林，集中展示了多种来自世界各地的树化石，占地面积30亩。 整个化石林680多棵来自不同国家的珍稀树化石，分为中国树化石区、蒙古国树化石区、缅甸树化石区、印尼树化石区、埃及树化石区、玛瑙树化石区、树化玉精品展区，共计7个景观区。 用现生植物造景搭配远古树化石组合，展示具有地域特色的古地理风貌。

（3）贵州清镇国际古生物化石科普馆。 根据恐龙小镇发展规划，小镇内将建成一座贵州清镇国际古生物化石科普馆（图2-21-17），用于集中展陈国内外不同时代的古生物化石标本及模型，如恐龙、三叶虫、张和兽（图2-21-18）、孔子鸟（图2-21-19）、三趾马、猛犸象等共计5000多块古生物化石及模型。 馆内设置专题恐龙主题展区，展示恐龙食性、恐龙生殖、恐龙飞向蓝天、恐龙近亲、恐龙灭绝事件等专题，以虚拟现实的方式解释恐龙的各个谜团。 在化石馆展区的中央，将装架展陈

图 2-21-14　张和国际树化石林

图 2-21-15　张和国际树化石林印尼树化石区

亚洲最大的蜥脚类恐龙——马门溪龙，长 23m，高 9m，作为恐龙主题展区的标志性主题元素。 另外，馆内集中展示哺乳动物的祖先——张和兽、鸟类的祖先——孔子鸟等重要化石标本模型以及各时代具有代表性的化石标本。 古生物化石馆的建筑风格独具特色，布展形式新颖，集实体标本展陈、远古场景复原和动画互动多媒体融为一体，是参观考察、科普研学的重要场所。

图 2-21-16　张和国际树化石林新疆树化石展区

图 2-21-17　贵州清镇国际古生物化石科普馆

图 2-21-18　张和兽化石

图 2-21-19　孔子鸟化石

四、下步规划与展望

贵州清镇侏罗纪恐龙文化科普特色小镇作为标志性的具有里程碑意义的恐龙文化特色小镇（图2-21-20），其目标定位为以三叠纪"贵州龙"和侏罗纪恐龙为特色，打造集古生物科考研究教育基地、科普文化教育基地、恐龙王国乐园等诸多功能于一体的恐龙文化科普特色小镇。小镇的建成将有助于解决当地生态旅游环境及生态治理方面的突出问题，为地方可持续发展和生态文明建设添砖加瓦。小镇由贵州清镇中润盛业文化旅游产业发展有限公司投资建设，在建设过程中，聘请了高素质管理团队和组织成员，运用现代管理理论、生态保护理论以及国外先进的专业技术对项目承办业务进行全程培训，确保恐龙小镇建设内容符合国家文化旅游产业的发展标准，从而树立恐龙文化特色小镇项目的新风貌和清镇恐龙文化发展的新形象。

图2-21-20　恐龙小镇整体规划效果图

贵州清镇侏罗纪恐龙文化科普特色小镇项目致力于发展成为全国以恐龙文化、民族文化、地质文化为核心的窗口，成为文化创意交流产业、观光旅游产业的支柱和社会文明程度的标志。随着项目工程的不断开发，贵州清镇侏罗纪恐龙文化科普特色小镇主题公园这张亮丽的文创名片，也必将闪耀在贵州省建设区域性中心城市的宏伟蓝图上。

下一步通过小镇的建设和设施不断的完善，力争创建国家级特色小镇、国家级多产业融合发展示范园、国家级旅游扶贫示范区、贵州山地旅游标杆项目。按照小镇布局五大板块规划，将继续落实奇趣童堡、综合体商业街的建设，重点打造儿童互动体验式主题乐园。

　　奇趣童堡开发定位：以儿童探险、探奇活动等形式打造儿童侏罗纪森林营地、梦幻森林探险、儿童探奇乐园等娱乐区，打造全新模式的儿童活动体验区（图2-21-21）。规划总占地面积约 $3\times10^4 m^2$，是集娱乐、科普、益智于一体的体验、互动式儿童乐园。

　　奇趣童堡功能区划：设有梦幻森林、冲出龙溪谷、鱼龙海盗船、恐龙嘉年华、欢乐龙湾、恐龙蛋屋、坚果乐园、礼品盒子、龙宝之家、恐龙总动员、峡谷漂流等体验项目，其中恐龙总动员是一个儿童互动科普游戏区，区域面积约 $1700m^2$，场景区域内布置了全球主要的恐龙化石产地的缩微地理地貌，全写真的还原地球亿年之前恐龙繁盛场景，以寓教娱为一体，让游客在亲身体验中感受古生物的繁衍历史，充分体现科普研学、寓教于乐的宗旨。

图2-21-21　奇趣童堡规划效果图

第三部分

化石村建设探索

化石村建设探索实践及评价指标研究

王丽霞[1]，尹超[1]，李姜丽[2]，刘丹[1]，陆婧文[3]

（[1]中国地质博物馆，北京 100034；[2]湖北省地质科学研究院，武汉 430034；
[3]国石网络有限公司，北京 100020）

摘 要：在国家乡村振兴的战略背景下，针对乡村中赋存的地质遗迹和化石资源，探讨如何在有效保护的基础上，发挥其科学普及和研学旅游功能，以带动乡村基础设施建设、促进产业结构调整和农民就业。文章提出了"化石村"的概念以及如何建设化石村的建议。总结了中国第一个化石村——湖北远安化石村的建设成效和建设经验，并提出了在全国推广化石村品牌的设想。为指导化石村的建设，避免盲目开发，笔者建立了一套化石村评价指标体系。

关键词：化石村；乡村振兴；化石保护；远安化石村；评价指标

中图分类号：G124　　　**文献标志码**：A　　　**论文编号**：casb2021-1186

The Construction of Village with Fossil Resources: Exploration Practices and Evaluation Index

WANG Lixia[1], YIN Chao[1], LI Jiangli[2], LIU Dan[1], LU Jingwen[3]

([1]China Museum of Geology, Beijing 100034; [2]Hubei Academy of Geological Sciences, Wuhan 430034;
[3]Guoshi (Beijing) Network Co., Ltd., Beijing 100020)

Abstract: This paper aims to explore new methods for the development of villages with fossil resources and geological relics under the background of rural revitalization. On the basis of effective protection, we could promote fossil resources' function of scientific popularization and tourism, so as to drive the construction of rural infrastructure, promote the adjustment of industrial structure and farmers' employment. The concept of 'village with fossil resources' and suggestions on its building were put forward. In this paper, the authors summarized the construction achievements and experience of Yuan'an village with fossil resources in Hubei Province, which was the first village of this kind in China, and proposed the idea of promoting the brand of village with fossil resources. In order to guide the construction of village with fossil resources and avoid aimless development, an evaluation index system of village with fossil resources was established.

Keywords: village with fossil resources; rural revitalization; fossil conservation; Yuan'an village with fossil resources; evaluation index

0 引言

党的十九大报告第一次将"乡村振兴"写入党章，系统阐述了实施乡村振兴战略的目标和举措，确立了到2050年全面实现农业强、农村美、农民富的最终目标[1]。乡村振兴战略实施是乡村功能的拓展，乡村不仅是粮食生产者，还是自然景观和传统人文景观的维护者，生物多样性的保护地，人们舒适生活和休闲旅游的好去处[2]。近年来，乡村旅游已经成为发展速度最快、潜力最大、辐射带动性强、受益面最广的旅游方式之一，是促进中国农村发展、农业转型、农民致富的重要渠道[3]。因此，大力发展以旅游业为代表的第三产业有助于促进农村产业结构升级，提高劳动力素质，培

基金项目：自然资源部"古生物化石管理支撑"项目（1211300000019001）。
第一作者简介：王丽霞，女，1963年出生，辽宁本溪人，研究员，硕士研究生，从事化石保护学研究。通信地址：100034 北京市西城区羊肉胡同15号 中国地质博物馆，Tel：010-66557412，E-mail：wlxwlx@163.com。
通讯作者：尹超，男，1981年出生，北京人，工程师，硕士研究生，从事化石保护与科普工作。通信地址：100034 北京市西城区羊肉胡同15号 中国地质博物馆，Tel：010-66557487，E-mail：1321445681@qq.com。
收稿日期：2021-12-13，**修回日期**：2022-02-12。

养新型农民,提供更多的公共产品,为乡村振兴提供可持续的发展动力[4]。

一些乡村还是重要的地质遗迹的产出地,特别是重要古生物化石的产地,这些自然资源可以作为乡村旅游的吸引物,在交通和基础设施完善的情况下,具备实现经济价值的可能[5]。借助自然资源开发旅游的前提是做好保护工作。在探索和保护的基础上,笔者试图挖掘乡村化石资源的科普教育和旅游资源功能,旨在带动乡村旅游、助力乡村振兴。

1 化石与乡村振兴

1.1 化石与化石保护

化石是远古生命留在地层中遗体或遗迹,是研究生命起源与进化,对比划分地层和找矿的重要材料,是宝贵的不可再生的自然遗产[6]。化石具有重要的科研价值、科普价值和美学价值,在生态文明建设、研学旅游和文化艺术方面具有重要作用,也能成为乡村振兴依托的资源和抓手[7]。

2011年1月1日《古生物化石保护条例》正式颁布施行,国家古生物化石专家委员会及其办公室成立了,这是中国化石保护事业的新里程。在10年的保护工作探索中,开展了全国化石保护规划研究,重要工作内容包括化石保护利用、化石产地生态修复和化石文化产业开发,这为拥有化石资源的乡村发展提供了重要契机。

1.2 化石保护促进乡村振兴

(1)在保护的基础上,发展化石旅游,促进农村经济的发展。化石旅游通过让观众参观化石产地,亲自体验寻找和采集过程,宣传化石科普知识,弘扬化石文化,是一种集参观、体验、学习和娱乐于一体的研学方式。在拥有化石资源的乡村开展化石旅游,有助于改善民生、增加就业岗位,而这种发展又反过来促进化石保护,形成良性循环。

(2)通过化石科普研学和文化产业发展,带动农村基础设施,以及博物馆、地质公园和科普基地的建设,为乡村提供更多的公共产品,实现化石资源的科学保护、认真规划和合理利用。这也是实现化石保护可持续发展的重要途径[8]。

(3)通过国内外古生物学家合作研究,开展面向国际旅游者的研学游。化石对于乡村宣传作用日益显现,特别在一带一路倡议下,加强国内化石产地与国外科研、旅游机构的互联互通,为乡村振兴打开国际渠道。

(4)化石作为研究古地理和古生态的材料,可为研究生物多样性可持续发展和生态环境演变提供科学依据。用化石进行科普教育,使人们正确认识和了解地球上所有生物生存、发展、消亡规律,认识到保持生态平衡、维持人类可持续发展的重要性,能够更好地珍惜和保护绿色地球家园,让人们尊重自然、崇尚自然、热爱自然[7]。这种教育功能对于乡村的生态建设也具有重要意义。

2 化石村的建设实践

化石村是具有化石资源产出、保护基础和乡风民俗的自然村镇,由中国地质大学(北京)化石保护研究硕士班成立的"海百合小组"发起、组织单位、社会团体或化石爱好者认领并支持建设的村落。建设目的就是提升化石保护意识,开展科普宣传教育,建设美丽乡村,促进生态文明,推动产地经济发展。依托化石资源实现乡村振兴的实践始于2014年,以中国化石第一村——湖北远安落星化石村的揭牌为标志。7年来共认领建设了20个化石村镇,积累了化石村镇建设的经验[9]。

2.1 湖北远安落星村的建设

2.1.1 远安化石村的前期建设 远安位于湖北省西北部,地处山区,地理位置偏僻,经济发展相对落后,却拥有丰富的化石资源。2005年,中国地质调查局武汉地质调查中心汪啸风团队进行化石发掘,并在发掘现场建立了一个100 m²的保护屋[10],保护留存在石板上的约10具化石。2007年,远安县政府在城关建立了一个小型地质博物馆,远安化石群省级地质公园实现了成功申报并在2008年顺利揭碑开园。随着《古生物化石保护条例》出台,远安多种海生爬行动物化石被明确为国家一级重点保护化石,各级政府部门也进一步加强对该地化石的保护。2014年远安成功申报了"国家级重点保护古生物化石集中产地"[11]。这些工作为远安中国化石第一村的建设奠定了基础。

2.1.2 远安化石村的落成 为贯彻落实《古生物化石保护条例》,切实做好化石保护,在湖北远安落星村建立了全国首个村级化石保护站。村长或村党支部书记担任保护站站长,每一位村民都是化石保护员,真正实现了"保护化石,人人有责"。

2014年6月20日,由中国地质大学(北京)化石保护工程硕士班学员认领,远安市落星村化石保护站揭牌仪式举行,标志着中国化石第一村正式落成。在落成仪式上,认领方和受助合作方签订协议,明确了双方的职责:认领方将提供政策法规与专业知识的咨询服务,积极开展化石宣传教育和科普活动并捐赠化石标本、相关书籍和宣传用品;受助合作方则积极为活动提供场地和人力上的支持,配合建设化石村实习基地和科普基地,并在保护站悬挂牌匾。这种合作模式是由志愿者组织、自愿地参与化石保护和宣传,发挥其在化石保护技术、科学研究以及科普教育宣传等方面优势,为化石产地的保护与宣传献计献策，同时能够利用当地的化石资源优势开展实习和科普活动，具有自发自愿、互利共赢和优势互补等特点[9]。

2.1.3 远安化石村建设成效 远安化石村落成7年来，在化石保护和村镇经济发展方面取得显著成效，促进了落星村的全面发展，是化石助力乡村振兴的示范。

(1)确保国家重点化石得到有效保护的管理。化石村落成后，县主管部门迅速行动，由县自然资源和规划局主要领导担任落星村第一书记，县地质博物馆馆长担任驻村第一书记，全面加强了对落星村化石保护利用工作的组织领导；编制了系列宣传材料，制作了科普视频，广泛宣传化石保护的重要意义和相关的古生物学知识，增强了村民的自豪感和责任感。

(2)推动远安北部贫困山村产业振兴发展。2016年，落星村获得企业投资，进行了乡村旅游景区打造。通过3年多景区建设，落星村的主要对外交通公路全部铺设成柏油路，并建成了旅游景区大门与停车场、小型化石展览馆、户外卡丁车赛车场、跑马场、滑草场、采摘园等10余种旅游项目，号召村民自主改造民房，增加农家乐住宿餐饮点10余处。2019年5月景区正式开业运营，五一长假游客量超过2万人，旅游旺季不少农家乐每日接待超过20桌，部分村民家月收入增长过万。化石村景区的建设还带动了当地原本销路不佳的香菇和红李种植、特色畜牧业转型升级和快速发展。2019年，通过景区建设及运营，支持及带动当地村民就业20~30人次，农家乐建设10余家，旅游人数达10余万人次，实现景区经济收入100余万元、村集体经济收入10余万元。

(3)吸引科研院所前来考察研究和资金支持。围绕化石村的科学研究和化石文化名片塑造，湖北省地质局、中国科学院、中国地质调查局、北京大学、加州大学(美国)、米兰大学(意大利)、合肥工业大学、中国地质大学等国内外机构、团队、学者等多次应邀前来，投入国家自然科学基金、国家和省地质调查专项资金、扶贫资金等。例如，湖北省地质科学研究院古生物科研团队对远安相关化石点、含化石剖面进行了实地调查，同时开展了化石抢救性发掘，对化石标本进行精细修复研究，帮助化石村建设化石文化墙科普牌等，不断推动化石科研科普和创新利用。

2.2 化石村品牌推广

2.2.1 化石村建设规划 截至2021年底，全国已经有20个化石村签订了认领协议，还有多个化石村在积极筹建中。海百合小组拟组织社会力量在全国建设认领100个化石村、100个化石保护站、100个化石科普馆，积极推进乡村振兴。

对于化石村建设，未来有如下规划：(1)开展化石村化石资源普查，对于化石点采取工程保护或抢救性发掘，同时要收集村落的历史文化信息，保护村中的文物古迹，传承非物质文化遗产。(2)打造"五个一"工程，即一村一馆(化石科普馆)、一村一站(化石保护站)、一村一品(化石文化品牌)、一村一游(化石产地研学旅游)、一村一乐(化石村农家乐)。(3)组织海百合演讲团走进化石村，积极促进化石村研学旅游和科普教育发展。

2.2.2 建设丝绸之路化石科考驿站 20世纪20年代就有国内外科学家和考察团沿丝绸之路沿线进行化石科考。20世纪初美国中亚科学考察团、中国-瑞典西北科学考察团、20世纪中期中国-苏联古生物考察团、20世纪后期中国-加拿大恐龙计划等在中国境内，特别是丝绸之路沿线发现了大量恐龙化石，并取得了丰硕的科研成果[12]。在丝绸之路北方线上的黑龙江嘉荫、辽宁朝阳，西北线的甘肃永靖、陕西延安，南方线的云南禄丰和四川自贡地区，草原线的内蒙古二连浩特、巴彦淖尔以及海上线的浙江新昌都不断有重要发现。

位于丝绸之路沿线的含有化石的村落，可以借助化石打造一带一路科考驿站。2015年9月15日，以"保护鄯善新疆巨龙，建设丝路最美化石村"为主题的认领化石村签约仪式在新疆鄯善县七克台镇举行，同日启动了丝绸之路化石科考。之后，鄯善县人民政府积极推进七克台化石村的基础设施建设，包括修筑公路、建立鄯善恐龙博物馆、成立鄯善化石保护研究中心。2016年5月4日首届化石文化周以鄯善主题日开启，在《掀起你的盖头来》歌声中揭幕嘉宾缓缓揭开鄯善新疆巨龙的面纱，这成为鄯善打造品牌的亮点事件。目前，鄯善已经成为古生物学家和爱好者重要的科考驿站、网红打卡地，很好地促进了鄯善经济的发展。

2.2.3 建设化石田园综合体 2017年2月，"田园综合体"作为乡村新型产业发展的措施写入中央一号文件。田园综合体是集现代农业、休闲旅游、田园社区为一体的乡村综合发展模式，目的是通过旅游助力农业发展，促进三产融合。建设田园综合体更加强调主导农业产业发展，生态环境建设，乡村田园社区建设。

化石田园综合体将"化石+旅游"的新理念促进乡村振兴，即以化石为载体，以旅游业为推手，实现信息互通，带动乡村经济发展和产业结构升级，实现农业劳作和旅游娱乐的完美衔接，构建欢乐无穷的具有独特化石资源的农业体验场所。如云南禄丰以恐龙资源为依托，通过建设世界恐龙谷，打造的恐龙旅游文化节，带动乡村旅游和基础设施建设，推动禄丰城镇化进程，化石田园综合体的模型已初步建立。

2.2.4 推进化石特色小镇建设 中国特色小镇是具有地方特色,集休闲旅游、现代制造、教育科技、传统文化于一体的美丽宜居村镇,其目的是增强小镇发展能力,提高人民群众生活水平,挖掘优势资源,发展壮大特色产业,统筹城乡发展,破解"三农"难题。特色小镇重在"特色",重在"综合",重在"发展"。以化石为特色,开启乡镇综合发展模式。例如,黑龙江青冈德胜镇,紧紧围绕猛犸象特色村镇建设,着力培育研学、休闲、度假等旅游产品体系建设,重点打造英贤化石村研学旅游项目,完善基础配套设施,建设水泥硬化路面20 km,在15个自然屯实施自来水入户项目。同时,借助青冈申报国家化石产地和地质公园的契机,打造北方冰雪化石文旅品牌[13]。贵州清镇依托大学城校区打造了国内首家恐龙特色小镇。

3 化石村评价指标体系的建立

化石村的建设既涉及化石保护,也涉及旅游开发和农村经济的发展,还涉及认领方开展科普活动及教学活动,是一个多层次、多目标的问题。要避免化石村盲目开发和低水平重复建设,需要建立化石村指标体系,使标准化成为乡村振兴工程的自觉行动,让标准成为习惯,让习惯符合标准[14]。

3.1 同类评价体系研究

化石是一种地质遗迹资源,同时化石村的建设涉及化石的保护管理。因此,建立化石保护管理和地质遗迹的评价指标体系,是建立化石村评价指标体系的重要参考。

对地质遗迹资源评价,是对研究区域内各种重要地质遗迹资源的数量与质量,结构与分布以及开发潜力等方面的评价[15]。国家地质公园评审标准采用分项计分办法,分为自然属性(60分)、可保护属性(20分)、保护管理基础(20分)3个部分,总分100分。刘佳等[16]运用多元对应分析的方法对国内35个国家地质公园的自然价值、生态价值、科研科普价值、文化价值、旅游价值和区位经济价值等6个价值因素进行了分析与评价。方世明等[17]运用层次分析法建立的地质遗迹评价指标体系中,资源景观价值所占权重最大(0.7),说明景观价值是最重要的因素,它决定了开发价值;开发利用条件的权重为0.3,虽不占主要地位,但对资源开发价值影响较大。刘晓静等[18]从科普旅游资源、科普旅游实践和管理、科普旅游开展的辅助条件3个方面构建了30余个评价指标。罗伟等[19]运用德尔菲法构建了地质遗迹资源综合评价指标体系,在评价体系中,自然属性所占权重最大。吴一洲团队[20]针对特色小镇建设了一套评价指标体系,将特色小镇发展水平评估体系分为4个维度,即产业维度、功能维度、形态维度和制度维度。

对于化石保护与管理的评价,孙晓玲等[21]曾对古生物化石保护管理标准体系进行研究,提出该体系包括综合管理标准、调查评价标准、保护标准、修复标准、发掘标准、收藏标准、流通标准、进出境标准、收藏单位标准、科普教育标准10类、64项具体标准。李闽等[22]将化石产地评价体系研究分成资源指标和保护管理2个打分表,在2个打分表中占权重最大的一级指标分别是产地化石价值属性和产地保护管理体系。原国土资源部2016年发布的《国家级重点保护古生物化石集中产地评价打分标准》中的一级指标分别为基础工作(25%)、资源条件(40%)、保护价值(25%)、保护管理(10%),其中资源条件占比最大。

上述研究及建立的评价指标体系对于本研究一级指标的确立具有重要参考。①资源性是一个重要的参照指标。国内的相关评价体系不仅将资源作为一级参照指标,而且占比和权重很高。②保护管理状况也是重要的参照指标。国内相关评价体系大多将保护管理列为一级指标,而国外生态旅游评价体系中保护管理的内容更加细化,占比更大。③地方的基础设施、区位性也大多纳入指标体系中,但在国内的指标体系中很多为二级指标,且权重不高;但是国外的生态旅游评价体系中,这部分占据的权重很大。

3.2 指标体系建立的原则

3.2.1 综合性 建立的指标要充分反映化石村的资源性、保护性以及科普和旅游开发价值。其中科普和旅游开发价值要通过资源、基础设施、区位3个方面衡量。

3.2.2 科学性 建立的指标必须科学准确、概念明确,能够较好地反映系统内部之间的关系,可以量化。

3.2.3 可操作性 指标体系中的数据应容易获得、容易理解,便于计算分析。

3.2.4 系统性与层次性 所选的指标既相互独立又相互联系,并且可以细分到3级,同时又要避免重复和繁冗。

3.2.5 动态性与静态性相结合 指标既要反映化石村的限制,也要反映其发展趋势和前景。

3.2.6 适用性 易于操作和推广应用,有利于保护和管理部门的掌握和操作。

3.3 化石村评价指标系统的建立

本研究的最终目的是指导化石村发展建设,资源保护、科普宣传、文化旅游均为化石村建设的目的,并且三者是相互促进、共同发展的关系。参照已有相关研究指标,笔者初步建立化石村评价指标体系,见表1。

表 1 本研究建立的化石村评价指标体系

一级指标	二级指标	三级指标	分数档次
1 资源性	1-1 科学价值	1-1-1 "重点保护古生物化石"产出情况	A.有一级重点化石产出;B.有二级重点化石产出;C.有三级重点化石产出;D.只产出一般保护化石
		1-1-2 野外剖面的科研价值	A.具界限层型或副层型剖面;B.具重要的标准剖面;C.具一般剖面;D.无出露完好的成层剖面
		1-1-3 其他具有科研价值的地质遗迹	A.有;B.无
	1-2 美学价值	1-2-1 化石资源的观赏性	A.强;B.一般;C.差
		1-2-2 地质剖面及其他地质遗迹的观赏性	A.强;B.一般;C.差或者根本没有可以观测的剖面或地质遗迹
	1-3 科普价值	1-3-1 化石类型对公众的吸引力	A.含有对公众吸引力强的A类化石;B.含有对公众吸引力较强的B类化石;C.含有对公众吸引力一般的C类化石
		1-3-2 公众对化石的参与度	A.公众可以直接参与化石采集、发掘和修复活动;B.公众可以近距离观察,但不能触碰(1.5~5m);C.只能远距离观察(5m及以上)
	1-4 可观资源量	1-4-1 含化石层位出露程度	A.出露面积大,易于观察;B.出露面积一般;C.出露面积小
		1-4-2 化石可观密度	A.埋藏密度大,可以直接观察到很多化石;B.密度一般,仔细观察可以看到;C.可观密度小,在原址不能看到化石
2 村庄	2-1 保护管理制度与体系	2-1-1 保护制度	A.制定了专门的化石保护制度;B.制定了包含保护化石在内的制度;C.无保护制度
		2-1-2 保护人员	A.有专门的看护与管理人员;B.有兼职的看护与管理人员;C.无看护管理人员
	2-2 保护设施	2-2-1 原址保护	A.保护设施齐全;B.有一点保护设施;C.无保护设施
		2-2-2 标本保护	A.有专门存放和展示的场所;B.无存放和展示的场所
3 区位优势	3-1 交通通达度	3-1-1 道路情况	A.有直达化石村的高速公路或省道(省道距离村庄在5km以内);B.有柏油路,可以通车,但是距离高等级公路在5km以上;C.无柏油路,但可以通车;D.车辆不能通达村庄内
		3-1-2 距离县城远近	A.距离县级或以上规模的城市在10km以内;B.距离县级及以上规模的城市10~20km;C.距离县级及以上规模的城市在20km以上
	3-2 自然环境状况	3-2-1 村庄周边的自然状况	A.良好,适于进行自然观察以及踏青赏花等户外活动;B.景色一般;C.景色不佳
		3-2-2 村容情况	A.干净整洁;B.一般;C.脏乱差
	3-3 旅游资源整合情况	3-3-1 村庄其他旅游情况	A.村庄内有其他景点已经开展农家乐等旅游;B.无景点,也未见农家乐等旅游接待
		3-3-2 大型旅游景区情况	A.村庄所在县有AAAA或AAAAA级旅游景点,或者距离大型景点距离在20km以内;B.村庄所在县没有,但是所在地级市有AAAA或AAAAA级旅游景点,或者距离大型旅游景点距离在20~50km;C.村庄所在县或地级市以及方圆50km范围内无AAAA或AAAAA级旅游景点
		3-3-3 村庄周边旅游情况	A.村庄周边10km以内有其他旅游景点;B.村庄周边10~20km内有其他旅游景点;C.村庄周边20km内无旅游景点
4 基础设施	4-1 旅游设施	4-1-1 旅游硬件设施	A.比较完备齐全;B.一般;C.没有
		4-1-2 科普软件建设	A.比较齐全;B.一般;C.没有
	4-2 游客生活设施	4-2-1 游客住宿设施	A.有标准化的宾馆或接待房屋;B.有简易的住宿接待设施,例如,可以腾出的房间或者帐篷;C.没有住宿条件
		4-2-2 游客餐饮	A.能提供符合国家卫生标准的餐饮;B.不能提供餐饮或者不能保证符合国家标准

4 结论

本研究旨在探索在国家乡村振兴政策指导下，如何利用化石资源实现乡村振兴。研究基于笔者多年的化石保护工作和科研科普的实践经验，得出如下结论：①化石具有科学研究的价值，同时也具有科学普及、研学旅游和生态建设的功能。此外，化石保护是自然资源部的重要工作之一。这些都为借助化石资源实现乡村振兴提供了可能。②湖北远安落星化石村作为第一个建立的化石村，是振兴乡村的一个典范，其经验值得推广。以其为样板，在全国范围内推广化石村建设切实可行。③建设化石村要避免盲目开发、重复建设，需要有一套科学的评价体系进行评估，为此本研究建立了一套化石村建设指标评价体系。

5 展望

化石村是一个新生事物，其建设需要因地制宜，科学规划和评估。湖北远安落星化石村是一个成功的范例，但是全国其他化石村的建设依然参差不齐。因此，以化石助力乡村振兴战略仍需要进一步研究。对于化石村的建设，有如下展望：

（1）乡村旅游的概念不仅指旅游地点在乡村，还要具有乡村性[23]。在化石村建设过程中对当地乡村民俗的保护与传承也至关重要。

（2）随着教育部等部门推进落实《关于推进中小学生研学旅行的意见》[24]，化石村将成为中小学研学游的重要目的地之一。如何打造适合学生研学的教育基地是化石村建设思考的另一方向。

（3）要借鉴国外地质公园管理的模式，对化石村中从业人员进行业务培训，使之能更专业、更有效地传递科普信息，并通过科普增强游人的自然遗产保护意识[25]。

（4）充分利用大数据、人工智能、云服务等创新技术，扩大化石村品牌影响力，提升化石村知名度，带动农副产品市场开发。

（5）要坚持"生态优先、绿色发展"的理念，走农业规模化、标准化、市场化"三化联动"，品种、品质、品牌"三品提升"，农业、农产品加工业、乡村旅游休闲业"三产联动"的道路，初步构建具有化石区域带动力和国际竞争力的化石村生态圈。

参考文献

[1] 袁燕舞."标准化+乡村振兴"的探索与思考[J].农业科技通讯, 2021(11):44-46.

[2] 李英,贾连奇,张秋玲,等.关于加快城乡融合发展推动乡村建设的思考[J].中国农学通报,2020(2):5.

[3] 李明博,罗海丽,李东升.以旅彰文助力乡村振兴路径探索[J].农村经济与科技,2021,15(32):86-88.

[4] 林峰.乡村振兴战略规划与实施[M].北京:中国农业出版社,2018:1-5.

[5] 刘沙.乡村旅游吸引物体系的构建研究[J].中国农学通报,2012,28(9):312-316.

[6] 贾跃明.古生物化石保护管理暨贯彻落实《古生物化石保护条例》100问[M].北京:地质出版社,2013:1.

[7] 王丽霞.中国化石保护[M].北京:地质出版社,2017:206-209,211-219.

[8] 韩刚,邓明然,韩立卓,等.我国古生物化石资源可持续发展研究[J].国土资源科技管理,2011,28(2):119-123.

[9] 王丽霞.新丝路化石保护与利用[M].北京:地质出版社,2021:162-166.

[10] 李姜丽,赵璧,邹亚锐,等.湖北远安化石群国家地质公园地质遗迹类型及其综合评价[J].资源环境与工程,2018,32(B11):107-112.

[11] 王丽霞,刘风香,骆团结.国家化石产地[M].北京:地质出版社,2019:106.

[12] 沙金庚.世纪飞跃——辉煌的中国古生物学[M].北京:科学出版社,2009:286-293.

[13] 王丽霞.百合花开[M].北京:地质出版社,2019:168-171.

[14] 全国栋,应珊婷.中国美丽乡村标准化试点建设模式研究[J].标准实践,2021(12):174-179.

[15] 李烈荣,姜建军,王文.中国地质遗迹资源及其管理[M].北京:中国大地出版社,2002:1-9.

[16] 刘佳,姚华军,高伟,等.基于多元对应分析的国家地质公园综合价值及分类[J].地质通报,2016,35(5):842-849.

[17] 方世明,李江风,赵来时.地质遗迹资源评价指标体系[J].中国地质大学学报,2008(33):285-288.

[18] 刘晓静,梁留科.地质公园景区科普旅游评价指标体系构建及实证——以河南云台山世界地质公园为例[J].经济地理,2016(7):182-189.

[19] 罗伟,鄢志武,刘保丽.地质遗迹资源综合评价指标体系与实证研究[J].国土资源科技管理,2013,30(1):39-45.

[20] 吴一洲,陈前虎,郑晓虹.特色小镇发展水平指标体系与评估方法[J].规划师,2016,32(7):123-127.

[21] 孙晓玲,余振国,韦宝玺.中国古生物化石保护管理标准体系建构研究[J].中国国土资源经济,2020(8):53-59.

[22] 李闰,余振国,孙晓玲.古生物化石产地保护评价指标体系研究[J].中国人口·资源与环境,2014,24(S3):258-260.

[23] 艾伦·法伊奥.旅游吸引物管理新的方向[M].大连:东北财经大学出版社,2005:3-22.

[24] 商龙泉.散谈研学旅行与乡村教育振兴[J].湖北教育,2019(4):58-59.

[25] 余菡,刘新,李波.浅析美国国家公园管理经验对我国世界地质公园的启示[J].北京林业大学学报:社会科学版,2006,5(3):61-64.

化石村保护技术要求
（草　案）

1　范围

本文件规定了化石村保护的术语和定义、总体要求、申报认定、保护、振兴发展等原则性、技术性要求。

本文件适用于国家古生物专家委员会认可的化石村保护建设。

2　规范性引用文件

下列文件中的内容通过文中的规范性引用而构成本文件必不可少的条款。其中，注日期的引用文件，仅该日期对应的版本适用于本文件；不注日期的引用文件，其最新版本（包括所有的修改单）适用于本文件。

　　GB/T　958　区域地质图图例
　　GB/T　10001　标志用公共信息图形符号
　　GB/T　13923　基础地理信息要素分类与代码
　　GB/T　21010　土地利用现状分类
　　GB/T　24354　公共地理信息通用地图符号
　　DZ/T　0303　地质遗迹调查规范

3　术语和定义

下列术语和定义适用于本文件。

3.1　化石村 fossil village

是具有化石资源产出、保护研究基础和乡风民俗的自然村镇。

3.2　化石 fossil

是指地质历史时期形成并赋存于地层中的动物和植物的实体化石及其遗迹化石。

3.3　重点保护化石 priority protection of fossil

具有重要科学研究价值或者数量稀少的古生物化石。

3.4 化石产地 fossil locality

自然赋存古生物化石的具有特定地理范围的地域。

3.5 化石文化产品 geological cultural products

化石文化产品是指能够展示村(镇)地质科学和文化内容的有形产品。

4 总则

4.1 目的任务

明确化石村的定义、功能以及保护管理工作重点和要求,通过标准化保护,指导化石村的科学规划和发展,提升化石产地服务乡村振兴和地方经济社会高质量发展的作用。根据化石村申报认定的基本要求,明确化石村申报认定程序及流程。确定化石村保护的基本要求。确定化石村科学利用和振兴发展的基本内容和措施。

4.2 基本原则

4.2.1 因地制宜原则,根据化石村的地形地貌、资源特色制定保护方案。

4.2.2 突出特色原则,充分利用化石村化石资源特色及地方民风民俗进行综合规划。

4.2.3 多方统筹协调原则,与乡村发展和国土空间规划充分融合。

4.2.4 绿色可持续发展原则,在化石村保护工作中注意加强对生态环境的保护。

4.3 基本要求

4.3.1 应以政府主导、村民广泛参与为指导思想。

4.3.2 应彰显当地古生物化石的科学文化特色,保护和利用相结合。

4.3.3 应科学、合理地进行保护利用规划,保持化石产地的完整性、真实性和延续性。

4.3.4 应对重要古生物化石、含化石地层段进行编号、建档和挂牌。

4.3.5 应建立健全各项保护管理制度,明确职责。

4.4 基本内容

4.4.1 开展化石村资源调查评价,包括区域特色地质古生物资源、自然条件、社会经济与人文历史资源等情况进行综合调查评价,掌握化石村创建资源环境条件,为申报创建奠定基础。

4.4.2 开展化石村申报认定工作。明确化石村申报认定的标准,对具有申报认定条件的化石村按照申报认定程序进行申报认定,编制申报认定材料。

4.4.3 根据化石村标准化建设规范,开展化石村保护、利用等规划,包括化石保护措施、化石保护站创建、化石科普馆布设、化石品牌打造、化石旅游和文创产品研发等。

5 化石村申报认定

5.1 申报

5.1.1 申报材料

申报化石村应向上级部门规范提供下列材料:
(1)村庄化石资源级别、分布和价值的说明。
(2)村庄化石保护现状说明。
(3)村庄重点保护古生物化石名录。
(4)村庄重点保护化石产地范围的矢量边界坐标。
(5)村庄其他方面情况说明。

5.1.2 申报程序

5.1.2.1 化石村应经专业技术人员踏勘,并与当地政府充分座谈和沟通后确定,建设范围可以是自然村、行政村或乡镇。

5.1.2.2 化石村应委托地勘行业队伍或古生物专业机构对村(镇)的古生物化石资源、地质遗迹资源、人文资源、地质环境、基础设施和人口经济等进行初步调查,并充分结合国土空间规划、乡村规划等,对化石村(镇)建设和发展潜力进行初评,提出可行性建议。

5.1.2.3 提交化石村申报报告,申报报告提纲见附录B,并附化石村基本情况表,见附录C。

5.2 认定

5.2.1 认定条件

5.2.1.1 村落具有珍贵的古生物化石资源产出。

5.2.1.2 村落古生物化石资源具有一定的科学研究和保护基础。

5.2.1.3 村落具有相应的文化、民俗和地质环境基础。

5.2.2 认定程序

5.2.2.1 对符合条件的村落,乡镇人民政府应当充分征求村落所在地村民委员会的意见,经县级市(区)人民政府同意,向上级自然资源主管部门申报认定化石村。

5.2.2.2 自然资源主管部门应当会同国家古生物专家委员会,组织实地考察和进行评估论证,评估打分表根据附录A制定,通过评估形成是否认定的结论。

5.2.2.3 根据评估结论,由化石村所在县级市(区)人民政府批准并正式公布认定化石村。

6 化石村保护

6.1 保护对象

6.1.1 全面保护村庄内有重要古生物化石产出露头,准确调查和划定保护范围。

6.1.2 应明确将有重大价值意义的含化石地层段、原地保护的化石列为重点保护对象,整理并保存相关的照片、文字、视频等资料,建立保护档案。

6.1.3 化石村内人文历史、民风民俗及其他重要自然资源。

6.2 保护措施

6.2.1 制定化石村保护管理制度,明确化石村的保护管理职责。

6.2.2 所在地村民委员会应当聘请化石村保护专家、居民任监督员。

6.2.3 鼓励建立化石村保护专业志愿者服务队伍,引导公众参与化石村保护和宣传工作。

6.2.4 在保护范围内,不得随意新建房屋、道路,不得进行有污染或破坏的工业项目、矿石开采等活动。

6.2.5 对面临严重自然风化和人为破坏的含化石层露头开展化石标本抢救或原位化石保护工程建设,保护工程宜与当地传统民居建筑风格应保持协调。

6.2.6 结合国家乡村振兴战略实施,不断完善化石村的基础设施、公共服务设施,改善居住环境。

7 化石村创建

7.1 一村一站要求

7.1.1 化石村应建立古生物化石村级保护站,由自然资源主管部门进行授牌认定。

7.1.2 由村级主要领导作为保护站的主要负责人,全面负责化石村保护管理工作。

7.1.3 化石村当地居民可自发参与化石保护相关工作,建立化石村自愿服务队伍,做好日常化石保护、巡查、宣传等工作。

7.1.4 化石村可聘请古生物专家、学者作为科学顾问。

7.2 一村一馆要求

7.2.1 化石村应建立小型的化石科普展览馆,以书籍、图片、影像和实物等方式展示,使村民和游客认识了解化石村和相关知识,该馆可作为化石村参观考察及对外交流的主要场所。

7.2.2 应具有固定的展馆场所,面积应不小于 $80 m^2$。根据基础设施建设情况,可以是已有的或者是新建的场所,通过改造或建设融入化石及地质元素,或通过地质主题科普活动、科普展览等方式向游客进行地质文化科普宣传。

7.2.3 展览馆可以是化石展陈展览馆,也可是化石原地保护馆。

7.2.4 应具有地方特色的化石资源陈列展出,具有完善的科普解说系统。

7.2.5 应具有专职或者兼职的科普讲解员1～2名。

7.3 一村一品要求

7.3.1 化石村应有独特的地方特色品牌及产品,包括但不限于化石文化品牌、文旅品牌、商标、殊誉以及相应的地质文化产品等。

7.3.2 鼓励利用化石村特色资源发展文化旅游产业和文创加工产业。

7.3.3 化石文化产品包括但不限于:

(1)与村(镇)化石文化故事相关的科普产品,如科普手册、宣传折页、图书、绘画、音像制品等。

(2)与村(镇)地质背景密切相关的特色农副产品或特色资源产品。

(3)村(镇)产出的除化石以外的其他地质相关特色纪念品,如宝玉石、观赏石。

(4)体现化石文化特色的文创产品,如玩具玩偶、摆件、雕塑等。

(5)应加强当地有关专业人才培养,传承和应用优秀的化石发掘、修复、加工技术工艺。

(6)其他地质、古生物特色文创产品。

7.3.4 人文产品应针对村(镇)人文资源的特点,从展示村(镇)传统服饰、特色美食、特色建筑、特色生产方式等角度,开发村(镇)独特的文化创意产品,创作文学艺术作品,推动特色文创产品研发推广。

7.4 一村一游要求

7.4.1 科普活动

7.4.1.1 依托特色资源条件,设计丰富有趣的科普活动内容,制订科普活动计划,开展特色的科普活动。

7.4.1.2 科普活动一般有科普宣讲和科普体验活动等,包括但不限于举办科普讲堂、主题日宣传、比赛竞赛、探险活动、地质工作职业体验等活动。

7.4.2 研学旅行

将村(镇)及周边化石资源、地质遗迹资源、自然景观、人文资源、优质土地、农副产品等各类资源进行有机串联,设计适合中、小学校学生的研学路线和研学体验内容,反映村庄特色地质背景、地质景观等与特色文化资源的关系,提升学生对地质科学知识和乡村文化的认识。

7.5 一村一乐要求

7.5.1 鼓励化石村居民在村落内居住和参与化石村内的生产经营活动,合理享有化石村保护开发收益。村民可以将其所有的房屋、资金等入股参与化石村保护和利用。

7.5.2 在不影响、不改变原位保护化石以及化石产出层结构外貌的前提下,鼓励村民将房屋和院落改作具备住宿、餐饮、休闲娱乐等功能的民宿、农家乐建筑等,应符合相关建设标准。

附录 A
（规范性）
化石村评价指标体系

化石村评价指标体系见表 A.1。

表 A.1　化石村评价指标体系

一级指标	二级指标	三级指标	分数档次
1 资源性	1-1 科学价值	1-1-1 "重点保护古生物化石"产出情况	A. 有一级重点化石产出；B. 有二级重点化石产出；C. 有三级重点化石产出；D. 只产出一般保护化石
		1-1-2 野外剖面的科研价值	A. 具界限层型或副层型剖面；B. 具重要的标准剖面；C. 具一般剖面；D. 无出露完好的成层剖面
		1-1-3 其他具有科研价值的地质遗迹	A. 有；B. 无
	1-2 美学价值	1-2-1 化石资源的观赏性	A. 强；B. 一般；C. 差
		1-2-2 地质剖面及其他地质遗迹的观赏性	A. 强；B. 一般；C. 差或者根本没有可以观测的剖面或地质遗迹
	1-3 科普价值	1-3-1 化石类型对公众的吸引力	A. 含有对公众吸引力强的 A 类化石；B. 含有对公众吸引力较强的 B 类化石；C. 含有对公众吸引力一般的 C 类化石
		1-3-2 公众对化石参与度	A. 公众可以直接参与化石采集、发掘和修复活动；B. 公众可以近距离观察，但不能触碰(1.5～5m)；C. 只能远距离观察(5m 及以上)
	1-4 可观资源量	1-4-1 含化石层位出露程度	A. 出露面积大，易于观察；B. 出露面积一般；C. 出露面积小
		1-4-2 化石可观密度	A. 埋藏密度大，可以直接观察到很多化石；B. 密度一般，仔细观察可以看到；C. 可观密度小，在原址不能看到化石

续表 A.1

一级指标	二级指标	三级指标	分数档次
2 村庄	2-1 保护管理制度与体系	2-1-1 保护制度	A.制定了专门的化石保护制度;B.制定了包含保护化石在内的制度;C.无保护制度
		2-1-2 保护人员	A.有专门的看护与管理人员;B.有兼职的看护与管理人员;C.无看护管理人员
	2-2 保护设施	2-2-1 原址保护	A.保护设施齐全;B.有一点保护设施;C.无保护设施
		2-2-2 标本保护	A.有专门存放和展示的场所;B.无存放和展示的场所
3 区位优势	3-1 交通通达度	3-1-1 道路情况	A.有直达化石村的高速公路或省道(省道距离村庄在 5km 以内);B.有柏油路,可以通车,但是距离高等级公路在 5km 以上;C.无柏油路,但可以通车;D.车辆不能通达村庄内
		3-1-2 距离县城远近	A.距离县级或以上规模的城市在 10km 以内;B.距离县级或以上规模的城市在 20km 以上;C.距离县级或以上规模的城市在 10~20km 之间
	3-2 自然环境状况	3-2-1 村庄周边的自然状况	A.良好,适于进行自然观察以及踏青赏花等户外活动;B.景色一般;C.景色不佳
		3-2-2 村容情况	A.干净整洁;B.一般;C.脏乱差
	3-3 旅游资源整合情况	3-3-1 村庄其他旅游情况	A.村庄内有其他景点已经开展农家乐等旅游;B.无景点,也未见农家乐等旅游接待
		3-3-2 大型旅游景区情况	A.村庄所在县有 AAAA 或 AAAAA 级旅游景点,或者距离大型景点距离在 20km 以内;B.村庄所在县没有,但是所在地级市有 AAAA 或 AAAAA 级旅游景点,或者距离大型旅游景点距离在 20~50km 之间;C.村庄所在县或地级市以及方圆 50km 范围内无 AAAA 或 AAAAA 级旅游景点

续表 A.1

一级指标	二级指标	三级指标	分数档次
3 区位优势	3-3 旅游资源整合情况	3-3-3 村庄周边旅游情况	A. 村庄周边 10km 以内有其他旅游景点；B. 村庄周边 10~20km 内有其他旅游景点；C. 村庄周边 20km 内无旅游景点
4 基础设施	4-1 旅游设施	4-1-1 旅游硬件设施	A. 比较完备齐全；B. 一般；C. 没有
		4-1-2 科普软件建设	A. 比较齐全；B. 一般；C. 没有
	4-2 游客生活设施	4-2-1 游客住宿设施	A. 有标准化的宾馆或接待房屋；B. 有简易的住宿接待设施，例如有可以腾出的房间或者帐篷；C. 没有住宿条件
		4-2-2 游客餐饮	A. 能提供符合国家卫生标准的餐饮；B. 不能提供餐饮或者不能保证符合国家标准

附录 B
（资料性）
化石村申报报告提纲

B.1 地理位置

具体介绍化石村的区位、交通、村庄基本情况（地质地貌、生态环境、社会经济条件等），附一张区位交通图和一张村庄的自然风光照片。

B.2 重要化石资源

具体介绍化石村的重要化石资源情况，化石种类及保护级别，科学研究工作进展及保护管理现状。附化石村重要化石照片和化石复原图等。

B.3 化石村建设现状

按照化石村建设"五个一"工程部署，即一村一馆——化石科普馆；一村一站——化石保护站；一村一品——化石文化品牌；一村一游——化石产地旅游；一村一乐——化石村农家乐相关建设要求，具体介绍化石村"五个一"工程建设现状，包括相关化石保护政策、化石保护措施、基础建设情况、化石科研科普推广情况等。附相应的建设及推广照片。

B.4 下一步规划与展望

在化石村建设现状基础上，提出化石村下一步建设规划与设想，包括科学保护、科学研究、科学普及及乡村振兴方面的规划思路等。

附录 C
（资料性）
化石村基本情况表

化石村基本情况表见 C.1。

表 C.1 化石村基本情况表

化石村概况	化石村名称				
	所属行政区	省_____市_____县_____镇			
	村庄面积	_____km²			
	地貌形态	山地□　丘陵□　黄土□　戈壁□　平原□ 其他特殊地貌□			
	交通状况	越野车通达□　人形小路通达□　无路,但人行可通达□ 与最近乡(镇)距离_____km			
地质概况	主要含化石层位		地质年代		代号
	岩性特征		产状		
化石概况	化石类别	无脊椎动物□　　　脊椎动物□ 遗迹化石□　　　　植物化石□　　　其他化石□			
	代表性化石名称及保护级别				
	已发现化石种数		已发掘化石数量(件)		
化石埋藏特征	化石露头特征	自然露头□　　人工露头□		(露头图片附后)	
	化石组合特征			(代表性化石照片附后)	
	代表性化石赋存特征			(化石原地埋藏情况照片附后)	
	代表性化石保存状况	完整□　　　　较完整□　　　　不完整□			

续表 C.1

科研与地质调查工作	主要科研单位		工作时间	年　月至　年　月
	主要研究人员			
	主要地质调查单位		调查时间	年　月至　年　月
	地质调查精度	1∶250 000 □　　　　1∶100 000 □ 1∶50 000 □　　　　其他精度：＿＿＿＿＿		
化石保护管理	管理部门			
	联系人及联系方式			
	有无保护管理制度	有□　　　无□		
	保护基础设施建设	完善□　　较完善□　　不完整□　　无□		

编 后 语

本书以宣传化石保护、倡导科学精神、服务乡村振兴为宗旨,向社会公众全面宣传及推广化石村,推动化石保护,服务乡村振兴。本书是在国家古生物化石保护专家委员会的倡导及组织下,由湖北省地质科学研究院承担完成。本书共分为三个部分:第一部分"最美乡村——化石村",是对化石村由来、定位、功能、分布的总体概述;第二部分走进化石村,分别从化石村地理位置、化石资源、化石村建设和下一步规划与展望4个方面,对全国21个保护较规范、建设较成熟的化石村(镇)资源特色、建设成果等进行系统的图文展示介绍;第三部分化石村建设探索,是对这十年来化石村的建设的总结及标准体系建设的探索。

本书在编写过程中,得到全国各化石产地保护管理部门、科研院所的大力支持,在此感谢为本书编写提供资料的单位及部门。

鸣谢以下单位(按化石村认领先后排序):

远安县自然资源和规划局

贵州兴义国家地质公园管理处

河北泥河湾国家级自然保护区管理中心

自贡恐龙博物馆

罗平生物群国家地质公园管理局

中国地质调查局成都地质调查中心

鄯善侏罗纪博物馆

天津市地质矿产测试中心

四川射洪硅化木国家地质公园

黑龙江省青冈县德胜镇英贤村党员群众服务中心

重庆市地质矿产勘查开发局208水文地质工程地质队

延吉市自然资源局

北票鸟化石国家级自然保护区管理局

中德古生物博物馆

山东莱阳白垩纪国家地质公园

河南·汝阳恐龙国家地质公园

阳泉市规划和自然资源局

禄丰市恐龙化石保护研究中心

刘家峡恐龙馆

义乌市森山健康小镇投资有限公司

中国科学院古脊椎动物与古人类研究所

贵州清镇中润盛业文化旅游产业发展有限公司

在此,衷心感谢为化石村建设和发展提供支持和指导的周忠和院士、李廷栋院士、殷鸿福院士、刘嘉麒院士、徐星院士。

感谢为化石村建设提供技术指导的各位专家(按姓氏笔画排序):王永栋、任东、江大勇、李大庆、李继江、陆建华、孟庆金、姚华舟、贾跃明、唐治路、彭光照、董枝明、魏光彪等。

感谢中国地质大学(北京)化石保护工程硕士班和北京大学化石鉴赏学士班的同学们!

主要参考文献

董枝明,2010.走进恐龙世界[M].北京:地质出版社.

国土资源部地质环境司,2017.砥砺奋进的中国化石保护[M].北京:地质出版社.

王丽霞,2021.新丝路化石保护与利用[M].北京:地质出版社.

王丽霞,2019.百合花开[M].北京:地质出版社.

胡世学,张启跃,文芠,等,2016.罗平生物群:三叠纪海洋生态系统复苏和生物辐射的见证[M].昆明:云南科学技术出版社.

季强,姬书安,尤海鲁,等,2002.中国首次发现真正会飞的"恐龙":中华神州鸟(新属新种)[J].地质通报,21(7):363-369.

江大勇,郝维城,孙元林,等,2011.中国南方重要三叠纪海生爬行动物群序列及其对二叠纪末生物大绝灭后三叠纪海洋生态系统复苏的实证意义[C]//中国古生物学会第26届学术年会论文集,165-167.

金东淳,张军龙,徐星,等,2018.吉林延吉晚白垩世恐龙动物群的初步报道[J].古生物学报,57(4):495-503.

鲁昊,孙作玉,王丽霞,等,2018.贵州兴义动物群古生物化石的遗产价值及其保护与利用[J].遗产与保护研究,3(4):13-18.

吕君昌,徐莉,贾松海,等,2006.河南汝阳地区:巨型蜥脚类恐龙股骨化石的发现及其地层学意义[J].地质通报,25(11):1299-1302.

山东省地质矿产局区域地质调查队,1990.山东莱阳盆地地层古生物[M].北京:地质出版社.

王丽霞,2016.中国化石保护[M].北京:地质出版社.

王丽霞,尹超,李姜丽,等,2022.化石村建设探索实践及评价指标研究[J].中国农学通报,38(7):159-161.

徐星,舒柯文,王烁,2013.兽脚类恐龙长掌义县龙的系统发育位置(英文)[J].古脊椎动物学报,51(3):1-3.

XING X,2013. The systematic position of the enigmatic theropod dinosaur Yixianosaurus longimanus[J]. Vertebrata Palasiatica,51(3):169-183.